U0021056

大是文化

上帝的骰子，
量子物理
大白話

高中聽不懂、大學沒真懂，
100 萬粉絲的「量子學派」部落格創始人，
用漫畫讓你笑著看懂。

百萬粉絲部落客
「量子學派」創始人

羅金海——著

目 錄

推薦序

老師，應該是知識的表演者

大同高中物理老師／劉彥廷

　　最初，我以為我拿的是一本談量子力學的正經科普書；翻了幾頁後，我開始懷疑它是漫畫書；再看了幾回，我發現我看的應該是章回小說；最後，闔上書本我才明白，我看的是一場精彩的「科學脫口秀」！

　　知識工作者，可以就知識鏈的位置，概略的分成兩種類型：「知識的生產者」和「知識的傳遞者」。前者如大學教授、科學家等，他們位於知識的上游，專門研究、產出知識，不斷的將人類的認知邊界往外拓寬。後者如老師，他們位於知識的中游，負責捧起前人努力獲得的知識，小心翼翼的傳到下游，讓所有的孩子都能拿著知識果實，站在巨人的肩膀上，看得更遠，跳得更高。

　　我是一名科學教育工作者，但比起將自己定義為知識的傳遞者，我更喜歡將自己定義為知識的表演者。我認為，好的老師應該像一名演員，盡可能的將知識「演」得有趣，將課程設

計成一場場精彩的「秀」，吸引學生、引起學生的興趣。

在科學教學上，課程要「有趣」，不外乎就是三點：

第一，深具張力的演示實驗。

第二，幽默的口條。

第三，生動有趣的比喻和例子。

關於第一點，深具張力的演示實驗，在我學習、教授物理的生涯中，看過最精彩、最具戲劇性的演示實驗，莫過於麻省理工學院（MIT）的瓦爾特・列文（Walter Lewin）教授。有興趣的讀者可上網查詢，看完後，保證讓你印象深刻，點燃你的物理之魂。

至於後面兩點──幽默的口條、生動有趣的比喻和例子，我認為本書的作者絕對是個中翹楚，值得所有科學教育工作者取經。

關於幽默的口條，我很少看科學類的書會從頭笑到尾。舉個例子，作者在引言開頭，談到如何學習量子力學時，引用了「不自量力」這個成語，但這四個字，絕對不是你知道的那個意思！他說，什麼是不自量力呢？就是「不要自學量子力學」。

再舉個例子，提到量子力學之父──普朗克時，作者說他「除了彈鋼琴之外，什麼興趣都沒有」；談到與愛因斯坦齊名的大神級科學家──波耳，作者調侃他「擁有北歐海盜血統，從小就是科學流氓」；談到包立（沒錯！就是「包立不相容原理」的那個包立），因其不畏懼權威，敢於批評老師和前輩的個性，

被比喻為「上帝之鞭」。這些科學大神，在作者詼諧的文筆下，雖稍誇大了缺點，卻也因此有了「人性」。科學與人文，作者用幽默，調出了黃金比例。

至於生動有趣的比喻和例子，作者在書中提到牛頓三大運動定律時，他是這樣講述的：

第一定律：所有的物體都很懶，都想活在舒適區！

第二定律：想加速前進，你就得多用點力！

第三定律：一個巴掌拍不響，兩個巴掌啪啪響！

看到這裡，也許有部分物理專業的人，開始眉頭緊皺，心中暗道：「這種胡說八道的內容，可以稱得上物理嗎？」

以前的我，也有同樣的想法，總認為真正的科學知識是嚴謹的、不容戲謔的。但隨著教學經驗的積累，我慢慢的體會到，對於一般學生來說，並不是所有人將來都要投入物理領域，所以嚴謹的、正確的知識，也許並不是首要考量。

有效的教學，必須做到「先講學生想聽的，再講老師想講的」。本書的作者深諳此道，他完美的體現了什麼叫做知識的表演者，為我們演出了一場精彩的科學脫口秀。

誠心推薦《上帝的骰子，量子物理大白話》，給所有想了解量子力學卻不得其門而入，還有對量子力學有興趣的朋友。這本圖文並茂、幽默詼諧的好書，絕對不會讓你有「不自量力」的感覺！

量子力學的前夜

它是現代科學的基石，

現代工業體系有 50% 與量子力學有關。

沒有量子力學，

就不會有雷射、手機、電腦、衛星導航……。

本章重要登場人物

艾薩克・牛頓（Isaac Newton）
英國物理學、數學、天文學家

　　著有《自然哲學之數學原理》（*Principia*），提出萬有引力、牛頓三大運動定律，憑藉古典力學一舉建成了宏觀物理大廈，被譽為「近代物理學之父」。

克耳文男爵（Baron Kelvin）
本名：威廉・湯姆森（William Thomson）
英國物理學家、工程師

　　熱力學之父，克氏溫標的發明人，提出的「兩朵烏雲」之說，催生了二十世紀現代物理學的兩大支柱──相對論和量子力學。

理查・費曼（Richard Feynman）
美國理論物理學家

　　物理學白銀時代三巨頭之一，提出了費曼圖、費曼規則和重整化的計算方法，是第一個提出奈米概念的人。

埃爾溫・薛丁格（Erwin Schrödinger）
奧地利理論物理學家

　　波動力學的創始人，提出了著名的「薛丁格的貓」思想實驗，著有《生命是什麼》（*What is Life*?）一書，把量子化帶入生物界，留下了「生命以負熵為食」的重要概念。

在開始讀量子力學之前，我們先了解一下「不自量力」這個詞。

不自量力

釋義：不能正確估計自己
的力量。

一般人我不
告訴他！

其實，我在這裡想說的是：「不要自學量子力學！」

雖然物理學家費曼先生說過：「沒有人真正了解量子力學。」

不過，可別被「不自量力」給嚇到了。

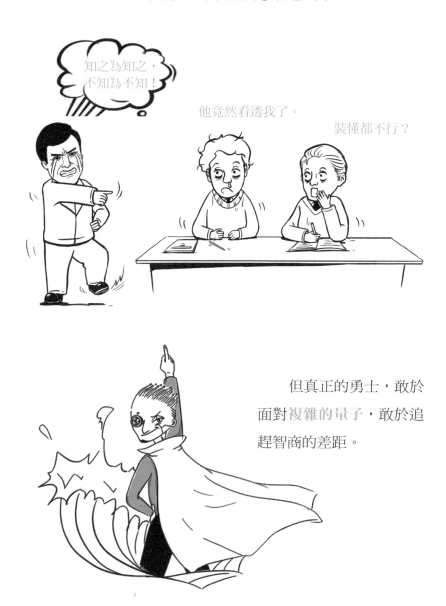

但真正的勇士，敢於面對複雜的量子，敢於追趕智商的差距。

留下來的，量子君給你點個讚！

但是，為什麼要了解**量子力學**呢？

因為它是現代科學的基石，現代工業有 50% 與量子力學有關。

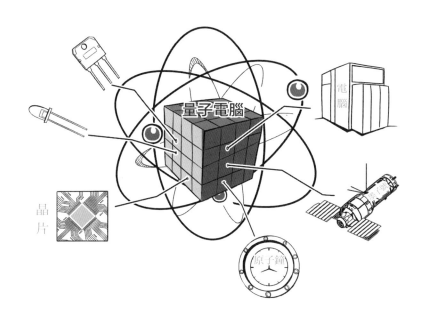

雖然沒有辦法直接體驗量子力學，但它確實是最有用的物理理論。

沒有量子力學，就不會有雷射、手機、電腦、衛星導航；

沒有量子力學，也不會有電子顯微鏡、原子鐘、核磁共振……

沒有量子力學，更不會有量子計算、量子通信。

國中時，我們就學過牛頓三大運動定律。

牛頓第一定律即慣性定律：不受外力的物體，將在慣性中保持靜止或等速直線運動的狀態不變。

接著，他又給出第二定律，說明力、質量和運動之間的定量關係：物體的加速度與它所受的外力成正比，與它的質量成反比。

牛頓第三定律則指出：兩個物體間的作用力和反作用力大小相等，方向相反，作用在同一條直線上。

　　說得通俗一點就是，**牛一定律**說：所有的物體都很懶，都想活在舒適區！

　　牛二定律說：想加速前進，你就得多用點力！

牛三定律說：一個巴掌拍不響，兩個巴掌啪啪響。

　　牛一定律說明了力是改變物體運動狀態的原因；牛二定律指出了力使物體獲得加速度；牛三定律解釋了力是物體間的相互作用。

　　除了牛頓三大運動定律，再加一個萬有引力定律。牛頓完成了古典力學架構，統一了萬物運行背後的道理。

　　這非常簡單易懂，理解起來完全無障礙。但是，對今天的人們來說非常簡單的牛頓力學，卻是兩千多年來科學家們的智慧結晶。

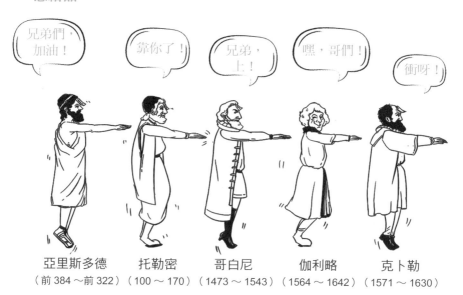

亞里斯多德　　托勒密　　哥白尼　　伽利略　　克卜勒
（前384～前322）（100～170）（1473～1543）（1564～1642）（1571～1630）

在牛頓建立宏觀力學之前，人類尊崇鬼神之學。

神學家、占卜家、星相學家、巫師等都是搶手貨。

不要說目不識丁的小老百姓，就連接受過高等教育的帝王也會「**不問蒼生問鬼神**」。

誰最會裝神弄鬼糊弄人，誰就能成為一方教主……。

上帝實在是看不下去了：再這樣下去，我的位置都要保不住了。

天不生牛頓，萬古如長夜：讓牛頓誕生吧！

就這樣，天之驕子牛爵爺誕生，開始了他兩百餘年的科學界統治。

牛爵爺總結的定律太厲害了，使得一大批粉絲蜂擁而至！大家都相信牛頓定律就是宇宙的終極真理，宏觀世界很快熱鬧了起來。

　　科學家們苦幹實幹加巧幹，一直幹到二十世紀，終於建成了一座**宏觀物理學大廈**。

　　古典力學、熱力學、光學、電磁學等在大廈裡各司其職。

　　1900 年，物理學界的「大巫師」**克耳文男爵**也露出了老父親般欣慰的笑容，他躊躇滿志的宣布：

這下好了，科學大廈都建好了，科學家似乎也沒什麼事好做的了。誰叫你們沒日沒夜的追求真理，現在都要失業了吧！

有單位要我嗎？
包吃包住就行。

眼看科學研究經費一年比一年少，前途一片黯淡。這時，哥本哈根學派的一幫年輕科學家開始掀桌子。

我要工作！
工作使我快樂！

波耳　狄拉克　玻恩　海森堡

哥本哈哥學派

　　由丹麥物理學家波耳與德國物理學家海森堡，於 1927 年在丹麥哥本哈根所創立，對量子力學的創立和發展做出了傑出貢獻，其中哥本哈根詮釋（Copenhagen interpretation，詳見 P.100）對量子力學的解釋被稱為「正統解釋」。

這群科學家嚷嚷著：必得自謀生路了，再這樣下去都得去工地搬磚頭了。

宏觀世界確實沒什麼事能做了，但是還有微觀世界啊！

宏觀世界

為宏觀物體和宏觀現象的總稱。肉眼能見的物體都是宏觀物體；宏觀現象一般指物體在可觀察空間範圍內的各種現象，如人的活動、電磁波的傳播等。

微觀世界

在物理學裡，微觀系統的尺度大約為原子尺度或小於原子尺度。量子力學所研究的，就是微觀世界的物理行為。

牛頓力學只適用於宏觀世界，可是一旦深入微觀世界，例如原子級別，這套理論就完全無用武之地了。

　　於是，這幫年輕科學家轉戰微觀世界。終於不用擔心失業了，他們激動的歡呼：牛頓力學主宰宏觀世界，**量子力學主宰微觀世界**！

　　這兩個世界，最後讓奧地利物理學家薛丁格的貓管理邊界，大家井水不犯河水，各自領取研究經費。

那麼，量子力學到底是怎麼誕生的呢？

這就說來話長了……

人類在研究光的過程中，偶然邂逅了無辜的量子。因此我們的故事，得追溯到一個古老的問題——光是什麼？

喔哇！

那麼，光究竟是什麼呢？
是粒子？還是波？

第一章

從光的本質說起

誰能想到，人類會在與光的較勁中發現量子。

越是簡單的事物，本質就越複雜！

本章重要登場人物

羅伯特・虎克（Robert Hooke）
英國博物學家、發明家

　　牛頓的死對頭之一，擅長將理論用於實踐。顯微鏡、望遠鏡等儀器皆由虎克發明，被譽為英國的「雙眼和雙手」。

克利斯蒂安・惠更斯（Christiaan Huygens）
荷蘭物理學、天文學、數學家

　　光的波動學說創始人，近代自然科學的重要開拓者之一，建立了離心力定律，並提出動量守恆原理。

湯瑪士・楊格（Thomas Young）
英國科學家、醫生、通才

　　罕見的全能型學者，其著名的楊氏雙縫干涉實驗，為光的波動說奠定了基礎。

詹姆斯・馬克士威（James Maxwell）
蘇格蘭數學物理學家

　　古典電動力學的創始人，集電磁學之大成，以馬克士威方程組（按：描述電場、磁場與電荷密度、電流密度之間的關係，由四個方程式組成）一統光電磁，完成了科學史上第二次偉大的綜合統一。

誰能想到，

人類會在與光的較勁中發現量子。

有人曾經說過，

越是簡單的事物，本質就越複雜！

這是一個漫長的故事，

讓我們先從光的本質說起——

很久很久以前，人類祖宗的祖宗就在思考：**這世界到底是由什麼構成的？**

腦洞最大的是古希臘哲學家，他們的思考力超過了全球99.99%的人類。

不僅如此，他們的動手能力也相當強——

找到世界的**本質**很簡
單：把一塊石頭敲碎，再
把最小塊敲碎，再把最最
小塊敲碎……。

敲敲敲，一直敲下去。

最後敲不碎的，就是——「原子」。

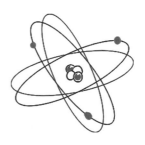

一槌在手！　　　　　　　　天下我有！

敲個石頭，古希臘人就敲出了「世界由原子構成」的理論？看來，這世界沒有什麼可以阻擋古希臘人前進的步伐。如果有，那就是光了。那麼，光是由什麼構成的？

NO！NO！
NO！

但是再厲害也不能用槌子去砸光吧？看能不能砸個「光子」出來。

只聽說過司馬光砸缸，但沒聽說過司馬缸砸光啊。

把這石頭砸下去，它會不會……

Help！

所以，這些智商過剩的人類，就開始研究光了。

古希臘哲人再一次展示出他們驚人的物理直覺：光由一粒一粒非常小的光原子所組成。

這就是後人所稱的「微粒說」。

古印度人不服氣：你們瞎編的，我怎麼只看到一條線？

古埃及人表示贊同：我看到的也是一條線。

古希臘人點點頭：嗯，普通人看到的光是一條線，天才看到的光是一粒一粒的。

古巴比倫人剛打算開口反對──聽完這話，還是乖乖閉嘴吧……。

古印度人一臉執拗，

古希臘人再回嗆：

還不服？

那你們搞個新理論出來單挑！

古印度人嚇得再也不敢說話。

就這樣，微粒說一直統治著上古科學界。直到十七世紀初，它才迎來宿敵——波動說。

這個理論率先由情場失意的數學教授格里馬爾迪（Francesco Grimaldi）提出，這個失戀的男人躲在小黑屋裡瘋狂的做實驗。

讓一束光穿過兩個小孔後，他彷彿看到舊情人眼裡水波的流動。一瞬間他頓悟了，這不正是一種「繞射」現象嗎？

最後，他哭鬧著向全世界宣布：光是一種波。

不得不說，失戀的人最會找事了。

就這樣，波動說與微粒說開啟了長達三百多年的戰爭。

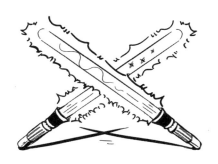

1663 年左右，英國科學家虎克加入波動學說的陣營中。一開始波動派挺高興的，總算盼來一位猛將。

誰知道，虎克同時也招來了一位瘟神……一向視虎克為死對頭的牛頓發話了：既然你虎克支持波動說，那——

雖說敵人的朋友就是敵人，但牛爵爺你這樣任性——

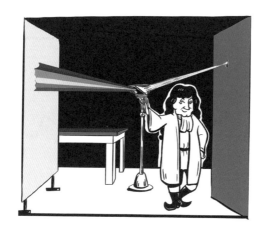

哈哈
七彩變身！

1672 年，牛頓發布光的色散實驗，矛頭直指波動說要害。

行家一出手，便知有沒有。形勢不妙，另一位波動說大將荷蘭物理學家惠更斯急得直跳腳：牛頓，你實驗搞錯了！

我發誓
「乙太」就是光波
的載體！

乙太

物理學史上一種假想的物質觀念，一種電磁波的傳播媒質。亞里斯多德認為，除水、火、氣、土四大元素外，宇宙中還有一種居於天空上層的第五元素，物質現象界的萬物都生存在其內。

　　牛爵爺何曾這樣受過別人的質疑，在惠更斯和虎克相繼去世後，1704年，他開了大絕出版《光學》（*Opticks*）一書，並在序言中寫下：「為了避免對這些論點的無謂爭論，我推遲了這本書的發行。」波動說陣營群龍無首，無人應戰。

　　就這樣，牛頓帶著微粒說威震四方，成為當時無人能及的一代科學巨匠。
　　整整一個世紀，幾乎無人敢向牛爵爺與微粒說挑戰。

直到一個世紀後，才有一位少年天才敢站到牛頓的對立面，為波動說站臺。

這個公然向牛頓與微粒說發起挑戰的天才是誰？

是他，是他，就是他！我們的朋友——英國科學家湯瑪士·楊格。

楊格到底有多天才？

2 歲讀書，4 歲寫詩，6 歲誦《聖經》，9 歲造車。

16 歲時，他已經能夠說拉丁語、希臘語、法語和義大利語等 10 種語言。

而這個年齡的我們在幹什麼？

玩泥巴？捉泥鰍？還是跟其他小朋友打架？

1807 年，把力學、數學、光學、語言學、考古學等都玩了一遍之後，天才楊格環顧天下無敵手，頗感寂寞。

看來只能向牛爵爺發起挑戰了。

於是，楊格開始準備「雙縫干涉」實驗。

雙縫干涉

利用雷射光束照射刻有兩條狹縫的不透明板子，觀察通過狹縫的光束，演示光波間的相互干涉行為。

作為物理學五大經典實驗之一，在一個月黑風高之夜，天才楊格開始了表演：他點燃了一支蠟燭。

人比人氣死人，同樣是點一支蠟燭，我們只會唱那首走音的——

〈Happy birthday to you！〉

呼——

人家楊格卻直接點燃了量子革命的火種，留下了一條歷史性的「干涉條紋」……。

干涉條紋

光波、水波及聲波等都會發生干涉。當兩束光波發生干涉時，會使有些區域變亮而有些區域變暗，即出現干涉條紋。

這一招「雙縫干涉」，殺傷力之強大驚動了整個微粒學說軍團，再次引發光的本質究竟是粒子還是波的爭論（按：光如果是粒子，怎麼會出現波的干涉現象）。

為了捍衛牛頓派的權威，牛頓粉絲天團輪番上陣。

1808 年，牛頓的忠實粉法國數學家拉普拉斯（Pierre-Simon Laplace）揮舞著他的「折射」光劍衝了上來；1809 年，馬呂斯（Étienne Malus）也扛著「偏振」狼牙棒偷襲天才楊格。

折射

指波在穿越介質時，傳播方向的改變。光的折射是最容易觀察的折射現象，不過其他像是聲音和海浪也都會有折射的性質。

偏振

指的是橫波能夠朝著不同方向振盪的性質。例如電磁波、重力波都會展示出偏振現象。

但不得不說，天才楊格也不是浪得虛名之輩。

你們儘管上，楊某奉陪到底。

他使出了姑蘇慕容家的「以彼之道，還施彼身」的絕招。

1817 年，楊格按照微粒派的反對意見，提出光波是「橫波」假說，成功解釋了偏振現象。

微粒派一看，我方智力不夠，需要號召更多力量！

1818 年，微粒派發動徵文懸賞。

大家一起來！用你們
的聰明才智解釋光的運動，
一定要打敗天才楊格！

戲劇性的一幕來了——

1819 年，沒有認真看題目的法國物理學家菲涅耳（Augustin
Fresnel）提交了一篇論文。

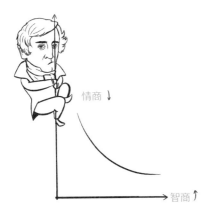

這個智商和情商成反比
的物理學家，以數學推理，
完美解釋了光的繞射問題。

菲涅耳不但沒有為微粒說推波助瀾，反而說光是一種波！

菲涅耳！你是天才楊格派來的臥底嗎？

搬起石頭砸了自己的腳，微粒派很想哭。這是致命的一擊，微粒派表示，這次徵文賞金不發了！

大型打臉現場

菲涅耳傻了：讓我改一下，**我沒看清楚題目。**

吃了菲涅耳一記烏龍悶棍，微粒派受了嚴重內傷，丟了半條小命。而剩下的半條命，死在了馬克士威的手裡。

這個小時候綽號「10 萬個為什麼」的傢伙，一不小心計算出電磁波的速度大概是每秒 30 萬公里。

而這個速度，竟然幾乎和光速一致！

光就是波，波就是光！

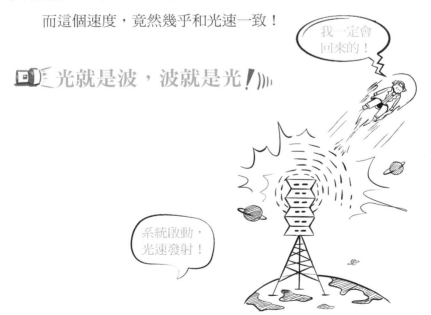

　　微粒派完敗！至此，波動說強勢歸來。微粒說奄奄一息，毫無還手之力。

可是，故事並沒有完全結束！

loading······

　　還沒來得及驗證自己的理論，馬克士威48歲就被上帝叫去玩牌了······。

　　不愛養身的科學家不是好科學家。要知道——你們的大腦，可是全人類的，不只是你們自己的。

好在馬克士威後繼有人。他有一個隔代相傳的弟子，這個弟子驗證了光是電磁波的一種。他就是德國物理學家赫茲（Heinrich Hertz）。

赫茲將一把電磁利刃，插在了微粒說的心臟上。

第二次波粒戰爭最終以微粒說的奄奄一息而告終。

而馬克士威的這個隔代弟子，到底是怎樣將微粒說斬草除根的呢？

未完待續……

＜小劇場・天堂＞

（按：虎克逝世後，牛頓擔任皇家學會會長，曾命人取下虎克的
肖像。） <完>

第二章

舊量子論的奠基

一場物理學界的颶風即將到來。
將宏觀力學過渡到量子力學的舊量子論
也蓄勢待發。

本章重要登場人物

馬克斯・普朗克（Max Planck）
德國物理學家

　　量子力學之父，以一篇黑體輻射論文宣告了量子理論的誕生，以他命名的普朗克常數 h，是物理學中重要的常數之一。

阿爾伯特・愛因斯坦（Albert Einstein）
德國理論物理學家

　　提出光量子假說，解決了光電效應問題，並創立相對論，其對哥本哈根學派詮釋的質疑，推動了量子力學的巨大發展。

路易・德布羅意（Louis de Broglie）
法國物理學家

　　物質波理論的創立者，發現了「波粒二象性」，是量子力學的奠基人之一。

尼爾斯・波耳（Niels Bohr）
丹麥物理學家

　　哥本哈根學派的創始人。提出的「原子模型三部曲」是物理學經典之作，互補原理成為量子力學的基石之一。

前面我們說到，

馬克士威預言光是電磁波的一種，

邁出了**史詩級的一步**。

但這個預言是對是錯，終究得有個人來證明。

這個人，就是馬克士威的弟子——赫茲。

1887 年，赫茲透過實驗，證明了電磁波的存在，這個實驗確認了光的波動性。電磁理論的一體化，代表著古典物理學達到了頂峰。

自此，古典物理帝國迎來全盛時代。

月盈則缺，盛極至衰。

古典物理帝國因為這個實驗而榮耀，卻也由此埋下了禍根。

揭示電磁波存在的同時，赫茲的實驗還出現了一個奇怪的現象：光電效應。

什麼是光電效應？就是在高於某頻率的電磁波的照射下，某些物質的電子會被光子激發出來，從而形成電流，即「光生電」。光能轉化成電能，物質的電性質由此發生變化⋯⋯。

光電效應

指光束照射物體時會使其發射出電子的物理效應。發射出來的電子稱為「光電子」。例如紫外線照射到金屬電極上，會產生電火花。

反正就是特別稀奇的一種物理現象。

宏觀世界的理論無法解釋光電效應，後來我們才知道：光電效應的背後，就是科學家要研究的新方向。那是一個人類一直不曾進入的地方——微觀量子世界。

在光電效應閃耀的藍色火花中，「量子魔王」呼之欲出。
這個世界很快就要出現翻天覆地的變化了。

我這一拳下去，
你可能會變得
五顏六色。

一場物理學界的颶風即將到來。

將宏觀力學過渡到量子力學的**舊量子論**也蓄勢待發。

德國物理學家普朗克、愛因斯坦和丹麥物理學家波耳這三位物理學大師，也馬上要登場了。

首先揮動翅膀、捲起颶風的這隻**蝴蝶**，是一個毫無魅力的老派紳士。

他的名字叫**普朗克**，除了彈鋼琴之外，他什麼興趣都沒有。

1900 年，普朗克在研究**黑體輻射**時大膽假設：能量在發射和吸收時，不是連續不斷的，而是一份一份的。這個**不連續假設**，正是量子理論最初的萌芽。

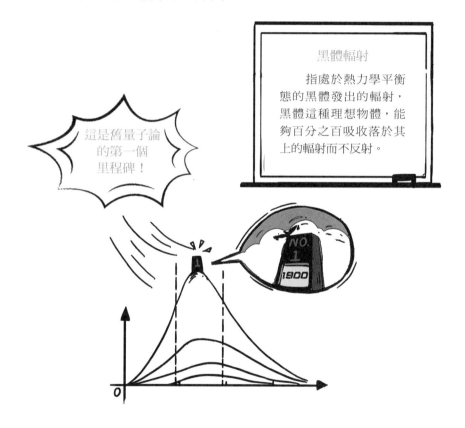

就這樣，普朗克糊里糊塗的提出了**量子概念**。

它推翻了微積分幾百年的連續基礎，開始挖**牛頓世界**的牆角。

大家普遍將 1900 年 12 月 14 日，普朗克發表論文《正常光譜的能量分布定律的理論》的這一天，當作量子物理學誕生的日子。

然而，能量子的概念太激進了！面對這樣一個駭人的真相，這個老派紳士被自己嚇得魂飛魄散。

這可不是他想要的結果。於是，他惶恐不安的把自己的新生兒——量子，拋棄了。

但提出者無心，研究者有意。

1905 年，隔牆的愛因斯坦開始**收割**普朗克的勞動果實。

天才的直覺告訴愛因斯坦，對於光來說，量子化可能是一種必然的選擇。

他在普朗克的假設上提出，光以量子的形式儲存能量，不會累積。一般情況下，一個量子打出一個電子，這就是著名的**光量子假說**。

按照愛因斯坦的理論，光又成了粒子，具有不連續性。這是被牛頓附身了嗎？難道微粒說要復活了？

光的波動學說的擁護者們氣壞了——花了整整 200 年才被打敗的微粒說，竟然又想復辟？

你們是想讓科學倒退嗎？

但比起要支持光到底是微粒還是波，愛因斯坦更相信自己的直覺。

愛因斯坦表示：有本事你們活捉一個粒子，問問它到底是什麼。我的直覺就一個：**光具有波粒二象性**。

波粒二象性

在量子力學裡，微觀粒子有時會顯示出波動性（粒子性較不顯著），有時又會顯示出粒子性（波動性較不顯著），在不同條件下分別表現出波動或粒子的性質。

對於二十世紀初的科學家來說，你說光既是波又是粒子，**這怎麼可能**？

就像他們——離了婚就不是夫妻了。

粒子是單個存在的**個體**，而波則是**集體運動**的結果，這兩者根本不可能統一啊！

借此機會，微粒說率先開始了絕地反擊。

在 1915 年，美國物理學家羅伯特‧密立根（Robert Millikan）本想用實驗來反駁光量子理論。

但令人啼笑皆非的是，在所有的實驗結果，光電效應都表現出量子化（按：將古典力學中作為連續量來理解的物理現象，重新解釋為一個個量子集合體的離散物理現象，例如光量子。）特徵。

我閃！ 我閃！

我閃！

凌波微步

嘿嘿，抓不到本量子吧！

1923 年，美國物理學家阿瑟‧康普頓（Arthur Compton）利用實驗「看到」了光，開始帶領微粒軍團大舉反攻。

他大膽引入光量子假設，完成實驗，證實了光的粒子性。

衝吧光量子！

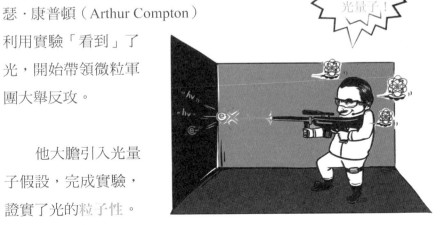

　　但微粒派還沒來得及露出得意的笑容，1923 年，法國貴族王子路易·德布羅意就出場了。從中世紀教會歷史轉攻物理學的他，對法國物理學界產生深遠的影響。

就是我！

　　為了阻止微粒說和波動說一觸即發的大戰，德布羅意從光量子理論中頓悟到：正像光波可以表現為粒子一樣，粒子也可以表現為波！

　　這讓他忍不住興奮的高呼：

　　「別打了，世界需要**和平**！你們的實驗是對的，愛因斯坦的直覺也是對的，你們其實就是一夥的。」

　　不僅僅是光，一切物質都具有波粒二象性。這就是**物質波**理論。

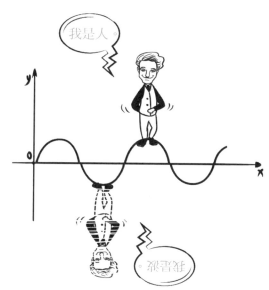

我是人

波是狂

什麼？宇宙難道不是由原子核和電子組成的嗎？

難不成地球是個波？

電腦是個波？

書是個波？

你和我也都是個波？

這個觀點，實在是太大膽了，連德布羅意的老師朗之萬（Paul Langevin）都覺得這個弟子簡直是瘋了。

全世界的物理大師都保持沉默，只有愛因斯坦一個人**按讚**支持德布羅意。

但就算得到大師支持也沒有什麼用。二十世紀初，正值物理學的黃金時代，高手數不勝數，天才攜手而來，一個比一個桀驁不馴。

微粒說和波動說兩派，你死我活的爭了這麼多年，哪能這麼簡單就握手言和，很沒面子的。

就這樣，場面一度僵持。還沒等大家從德布羅意的物質波理論衝擊中回過神來——

1925 年 4 月，美國物理學家柯林頓‧戴維森（Clinton Davisson）和雷斯特‧革末（Lester Germer）進行的電子繞射實驗發現：電子居然表現出波動性質！

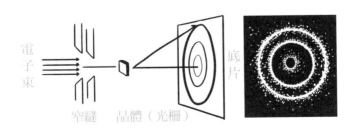

　　「電子居然是個波！」這下，波動和微粒雙方陣營都一陣混亂。天啊，光到底是個什麼玩意兒？

　　1925 年，正當物理學陷入十字路口時，24 歲的維爾納‧海森堡（Werner Heisenberg）出現了，他被認為是微粒派的代表。

　　這個稚氣未脫的大男孩智商高得可怕，他試圖用數學（矩陣力學）來解釋微觀粒子運動。最後，他選擇了一種不符合交換律（按：a×b=b×a，即符合乘法交換律）的古怪矩陣來描述量子理論。

　　在德國物理學家玻恩（Max Born）、約爾旦（Pascual Jordan）和英國物理學家狄拉克（Paul Dirac）的助攻下，很快的，海森堡的矩陣力學就在舊量子系統的廢墟上建立了起來。

但是好景不長，薛丁格加入了戰鬥。他被認為是**波動派**的代表。

這位風流成性的物理學家認真起來，可是一點都不含糊。

他嫌矩陣力學太做作、故弄玄虛，讓大家都看不懂。

故弄玄虛！

他認為，是微粒還是波，這根本沒那麼複雜，量子性不過是**微觀物體波動性**的反映。

小德，你有點重啊！

$$\triangle\psi + \frac{8\pi^2 m}{h^2}(E-V)\psi = 0$$

只要把電子看成德布羅意波，用一個**波動方程式**表示電子運動即可。

他就這樣提出了名震二十世紀物理學史的薛丁格波函數（按：描述量子態是如何隨時間演化的方程式，為量子力學的基礎方程式之一）。看到熟悉的微分方程式，那些被海森堡矩陣整得暈頭轉向的物理學大老，個個熱淚盈眶。毫不猶豫，他們轉身就把矩陣力學打入了冷宮。

一邊是驕傲的海森堡，一邊是好勝的薛丁格；一邊是以微粒說為基礎的矩陣力學，一邊是以波動說為基礎的波函數。

矩陣力學和波動力學，從此成了生死天敵。

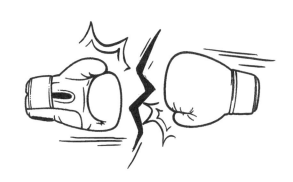

不過尷尬的是，1926 年 4 月，薛丁格、約爾旦、奧地利物理學家包立各自證明：**兩種力學在數學上來說，某種程度上是相同的！**

搞了半天，不過是同一理論的不同表達形式而已。兩座大廈其實建立在同一地基上：「微觀粒子的波粒二象性。」

都說了，這就是量子力學的基石！你們偏偏不信。

早在 1905 年，人家愛因斯坦就打好了這塊舊量子論的第二個里程碑。

但舊量子論真正的集大成者，不是普朗克，也不是愛因斯坦，而是來自丹麥的波耳。有傳言說，他曾是一名足球運動員。

在一群物理學家為波粒二象性爭破了腦袋的時候，波耳回老家娶妻生子，在度蜜月的時候順便搞起了科學研究。

1913 年，波耳發表了三篇論文：《論原子和分子的構造》、《單原子核體系》、《多原子核體系》。

這三篇論文成為物理學經典之作，被稱為波耳模型三部曲。

就這樣，波耳橫空出世。他收養了被普朗克拋棄的**量子**。完整的量子理論體系第一次被建立起來。

孩子，來
我的懷裡！

雖然只是養父，波耳卻成了量子論最親近的人。

寶寶
多吃點！

他耗盡餘生，將**量子論**含辛茹苦餵養長大。

自己也成為將物理學研究宏觀世界，過渡到微觀世界的偉大人物。

　　經過普朗克、愛因斯坦、波耳三大先行者的接力，舊量子論終於從牛頓宏觀理論的陰影裡爬了出來。

　　但這時的人們最多只是剛爬到微觀世界的門口，新量子論（即真正意義上的量子力學）仍然處於混沌之中。

那麼，這新的量子論又將如何撥雲見日呢？

第三章

量子力學的基本定律

什麼？骰子？出現在最嚴格精密的物理學裡？
這簡直是大逆不道！

本章重要登場人物

馬克斯·玻恩（Max Born）
德國理論物理學、數學家

　　哥本哈根學派二當家，其對波函數的機率解釋成為量子力學的基石之一。

維爾納·海森堡（Werner Heisenberg）
德國物理學家

　　量子力學的主要創始人，提出的「不確定性原理」、「矩陣力學」為量子力學做出了巨大貢獻。

沃夫岡·包立（Wolfgang Pauli）
奧地利理論物理學家

　　號稱「上帝之鞭」，包立不相容原理為原子物理的發展奠定了重要基礎。

保羅·狄拉克（Paul Dirac）
英國理論物理學家

　　量子力學奠基者之一，預言了反物質的存在，並成功開創了量子電動力學。

普朗克、愛因斯坦、波耳三人接力拯救了舊量子論。
但真正建立量子力學（新量子論）
國度的開國元勳，卻來自哥本哈根學派。

他們的主將有三個：
玻恩、海森堡、波耳（沒錯，又有波耳）。

　　玻恩算是海森堡的半個老師。他是一名道道地地的物理學教授，在哥廷根大學（Georg-August-Universität Göttingen）裡開班授課。海森堡就是在那裡跟著玻恩做科學研究的。

還是做夢吧，夢裡什麼都有，你連入學考試都過不了。

嗯……我也想去那裡讀書。

老師，有人欺負我！

1926 年，海森堡哭著跑回家說，他被薛丁格欺負了。

在矩陣力學和波動力學被證明其實原理類似的尷尬中，他們兩人表面休戰，薛丁格卻在背地裡捅刀，到處罵矩陣力學。本來就不易理解的矩陣力學，風頭遠遠被薛丁格的波函數蓋了過去。

玻恩氣得頭疼，發誓一定要替自家弟子報仇。他找上了遠在哥本哈根的大哥波耳，準備聯合起來，找回面子。

　　1926 年 7 月，薛丁格接受波耳的邀請前往哥本哈根，正春風得意的薛丁格，並未察覺這是一場鴻門宴。

　　在他讚美著自己的波函數時，護徒心切的玻恩出手了——他先假仁假義的誇讚了對方一番，再挖了個坑：閣下波函數中的「ψ」函數（見 P.72 左下圖），代表什麼？

猝不及防，薛丁格就這樣跳進了陷阱裡。

毫無警覺的他，笑呵呵的解釋：ψ 函數代表電子電荷在空間中的實際分布。

玻恩反駁：不，電子本身不會像波那樣擴展，而是它的**機率分布**像一個波。

ψ 函數代表的不是實際位置，而是電子在某個地點出現的一種隨機機率。

它還有一個代號——骰子。

這只不過是上帝的一場隨機擲骰子遊戲。

什麼？骰子？出現在最**嚴格精密**的物理學裡？這簡直是大逆不道！薛丁格的臉垮了下來，他意識到玻恩給他下了圈套。

玻恩，你胡說八道！

天上地下，沒有什麼是物理學解釋不了的。

 上帝是誰，我根本不認識祂？

牛爵爺的理論才是真理，微觀世界也是連續波動的。

不只薛丁格，整個物理學界都崩潰了。沒有人願意相信，人類只是上帝手中的一枚骰子。

中立派小聲嘀咕：天啊！怎麼能說出這種話？阿彌陀佛，罪過罪過。

反對派義憤填膺：什麼隨機遊戲？根本就是一派胡言！

哥本哈根的革命派則誓死擁護：敢嗆我們哥本哈根二當家，等等要你們好看！

玻恩很淡定。他「以子之矛，攻子之盾」，用對方的一個波動實驗給出了最好的證明：電子雙縫干涉實驗。

電子穿過兩道狹縫後，便形成了一個明暗相間的圖案，也就是干涉條紋。

這個圖案哪裡亮，就表示電子出現的機率高！

那機率越低，就越暗囉！

一個電子究竟會出現在哪裡，我們無法確定。連這個世界都是以機率形式存在的，我們能做的只有預言機率。

猜一猜！我的命中率是多少呢？

一切都只是隨機的？玻恩，你這是在挑戰整個科學的**決定論根基**！

薛丁格惱羞成怒，可又無力辯駁，只能打落門牙和血吞。

借助電子雙縫干涉實驗，玻恩狠狠搧薛丁格一個大耳光。

這是量子世界向**宏觀世界**宣戰的第一場勝利。

這也是史無前例的一場大爭論，**新生量子論**沉重打擊了傳統的波動解釋。

但還沒等玻恩開心多久，哥本哈根學派自家後院就先著火了。

1927 年，大哥波耳改變了對波動力學的看法。當初為了贏薛丁格，他也研究了 波動說，但是裡裡外外解剖完，波耳突然覺得，這也是個好東西。

不然就試試看，把波動說當作 量子論 的基礎，看能不能搞個新理論出來？

結果還沒行動，哥本哈根學派的海森堡先不高興了。他把波耳當老父親般敬重愛戴，但他居然 叛變 了！

海森堡一哭二鬧三上吊，波耳不堪其擾，所以躲去滑雪度假了。

為此，海森堡氣得破口大罵，他跟波動說誓不兩立，並發誓一定要讓波耳回心轉意。

小海，你……

不聽、不聽，你就是不許去！

假設：P= $\begin{bmatrix} 1 & 1 & 1 \\ 1 & 1 & 1 \end{bmatrix}$ q= $\begin{bmatrix} 1 & 1 \\ 1 & 1 \\ 1 & 1 \end{bmatrix}$

p×q $\begin{bmatrix} 1 & 1 & 1 \\ 1 & 1 & 1 \end{bmatrix}$ × $\begin{bmatrix} 1 & 1 \\ 1 & 1 \\ 1 & 1 \end{bmatrix}$ = $\begin{bmatrix} 3 & 3 \\ 3 & 3 \end{bmatrix}$

q×p $\begin{bmatrix} 1 & 1 \\ 1 & 1 \\ 1 & 1 \end{bmatrix}$ × $\begin{bmatrix} 1 & 1 & 1 \\ 1 & 1 & 1 \end{bmatrix}$ = $\begin{bmatrix} 2 & 2 & 2 \\ 2 & 2 & 2 \\ 2 & 2 & 2 \end{bmatrix}$

↓

p×q≠q×p

1927 年，鬧彆扭的海森堡還在跟矩陣較勁。他試圖用矩陣來對抗薛丁格的方程式。

在絞盡腦汁的思考過程中，他突然想起：矩陣其實不符合小學所學的乘法交換律！

為什麼會不一樣？難道這裡面還隱藏著什麼祕密嗎？為了揪出真相，海森堡找來了玻恩、約爾旦一起研究。他們三人瘋狂的計算，最後終於得出：

不確定性原理

$\triangle p \times \triangle q \geq h \div 4\pi$

　　又稱測不準原理，粒子的位置與動量不可同時被確定，位置的不確定性越小，則動量的不確定性越大，反之亦然。如果電子動量 p 是完全確定的，那位置 q 就無法確定。

不確定，又是不確定？玻恩的隨機機率解釋已經讓人頭大了。這次海森堡更狠，他直接否定了物理學。

你們波動說不是想給定全部條件嗎？我海森堡就是要告訴你們，這個前提本身就是錯的！

給定了其中一部分條件，另一部分條件就一定「測！不！準！」

　　不僅如此，為了保險起見，被欺負怕了的海森堡，這次還加了一個大型實驗：**用最先進的 γ 射線顯微鏡觀測電子。**

思維實驗
顯微鏡的解析度受光波波長的限制，
為了精確確定電子的位置，
應該使用波長短的光。
但波長越短，光子動量越大，
電子動量的變化也越大。
因此位置 q 越準確，
電子動量 p 就越難確定。

你看，
我們能看見的天空，
只有井口那麼點大！

　　按照實驗原理，電子的動量、位置根本不能同時被測量到。

　　這不是因為實驗存在誤差，而是理論根本限制了我們能夠觀測的東西。

這是一種哲學上的原則問題。不僅是波動說，不管你創立什麼理論，都必須服從不確定性原理！

霸氣宣布完論斷後，海森堡立馬寫信給波耳。

他滿懷期待的等著波耳來誇自己，心想，這下他該後悔了吧。

海森堡猜中了故事的開頭——波耳收到信，果然丟下滑雪板，**快馬加鞭**趕了回來。

卻沒猜中故事的結局——波耳不但沒誇他，還把他臭罵了一頓。

波耳一罵：你這種不確定性從粒子本性而來，還是由**波的本性**得出。

波耳再罵：笨蛋，你到底有沒有確認實驗的方向？

海森堡心頭一驚，完了，好像做錯實驗了。但是他怎麼可能輕易接受死對頭薛丁格的**波動性**學說呢？

波耳被倔強的海森堡氣得差點犯了心臟病。

最後，哥本哈根學派的另一個**熊孩子**包立，費盡苦心才安慰好了海森堡。

終於**解決**完家庭糾紛，波耳長嘆一口氣。

誰家沒有熊孩子呢？自己家的小孩，跪著也要寵完。

自己家的孩子，只有自己能批評，被別人欺負了可不行。當海森堡將修改後的論文重新發表時，卻遭到了外界的質疑，此時，波耳當機立斷，立馬護在自家孩子面前：

「你們懂什麼！不確定性原理是量子論的**核心基石**，意義比你們想像的還要深遠！」

可是外界還是不服氣。按照你們哥本哈哥學派的說法，電子是波也是微粒，**不確定性**是電子在波和微粒之間的一種隨機表現。

你們有同時見過「電子波」和「電子粒」嗎？誰能作證？

波耳急中生智，
直接回擊：誰說電子
是波又是微粒，就一
定能同時觀察到兩種
狀態了？

就像你不能同時觀察到男人的
正反面一樣──

你好，
我今年 24 歲！

我 45 歲。

我們只能看到其
中一種，關鍵是我們
如何「觀察」它，而
不是它是什麼。

婚前 vs. 婚後

為了聽上去更有說服力，波耳還進行了官方總結，這就是
「互補原理」。

互補原理

　　波和粒子在同一時刻
是互斥的（按：無法同時
被觀測到），但它們卻在
一個更高層次上統一在一
起，作為電子的兩面被納
入一個整體概念中。

98

所以，探討任何物理量都是沒有意義的，除非你先描述如何觀測。

全世界的物理學家被弄昏頭了，一時之間不知道該說什麼。

不得不說，哥本哈根學派這一大家子，個個都能言善辯，先是玻恩，再是海森堡，最後是波耳。

機率解釋、不確定性原理、互補原理就這樣顛覆了人們對宇宙的終極認識。

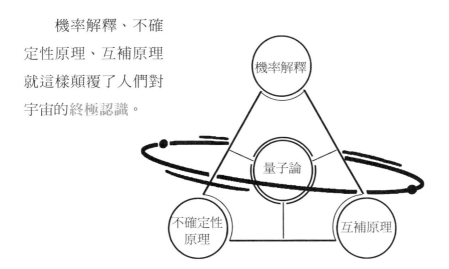

　　它們共同構成了量子論「哥本哈根詮釋」的核心。機率解釋與不確定性原理摧毀了世界的因果性，不確定性原理和互補原理合力幹掉了世界的絕對客觀性。

哥本哈根詮釋

　　哥本哈根詮釋是由幾位物理學家的觀點共同構成，主要包含以下幾個重要論點：

1. 量子系統狀態，可以用波函數來描述，波函數是個數學函數，專門用來計算粒子在某位置或處於某種運動狀態的機率。
2. 量子系統的描述是機率性的。
3. 在量子系統裡，粒子的位置和動量無法同時被確定。
4. 物質具有波粒二象性；根據互補原理，一個實驗可以展示出物質的粒子行為，或波動行為；但不能同時展示出兩種行為。

　　換句話說，就是根本不存在一個客觀實在的世界。唯一存在的，就是我們能夠觀測到的世界，或者說，我們所參與的世界。

好好的物理學硬生生被搞成了哲學，原本的唯物論被搞成唯心論了。科學家辛辛苦苦爬到山頂，結果發現佛學大師早已坐在山頂感嘆：

詭異莫測的新量子力學就這樣被建立起來了。在以波耳為首的眾人聯手下，哥本哈根學派已經是一個具有規模的門派了。

新的量子論非常奇妙，甚至違背理性本身。但它能夠解釋**量子世界**一切不可思議的**現象**。

在這一輪較量中，最受傷的是**薛丁格**。他認為，波耳等人的車輪戰術，實在太可怕了。

這世界到底還有沒有天理？難不成就任由**哥本哈根學派**這樣興風作浪嗎？

薛丁格抱著愛因斯坦的大腿，狠狠告了波耳一狀。

他說波耳組建了一個叫哥本哈根學派的物理學神祕組織，
裡面的小夥子個個心狠手辣。光說不夠，他還露出左腕的傷疤。

愛因斯坦生氣了，
後果很嚴重。

這下刺激了，
愛因斯坦要幹麼呢？

<小劇場・家庭會議>

<完>

詭異的電子雙縫干涉實驗

　　1974 年，科學家終於發明出儀器，能夠一次只發射一顆電子，於是便將它用來進行電子雙縫實驗。但是當一次向雙狹縫發射一顆電子時，卻依舊出現了干涉的圖案。奇怪，電子只有一顆，它究竟是和什麼東西彼此干涉？難道電子可以分身，自己和自己干涉？更詭異的是，當科學家想觀測單顆電子到底是從左邊或右邊的狹縫通過時，干涉現象就消失了。難不成電子還知道自己正在被觀測，所以就不和自己干涉了？

第四章

愛因斯坦和哥本哈根學派
的偉大戰爭

哥本哈根學派與愛因斯坦的三次戰爭，
奠定了量子力學在物理學上的重要地位，
使它成為二十世紀最偉大的兩大理論之一。

作為一群狂妄的冒險家，

以波耳為首的**哥本哈根學派**，

把物理學界鬧得天翻地覆。

他們叛逆又荒誕，在物理學界放了一把大火。

他們自認為帥翻天了，也贏得了草根人民的掌聲，但量子力學的旅途並非一帆風順。

他們要面對一座大山，那就是神一般的愛因斯坦。當年他還是量子力學的恩人，曾經拉過舊量子論一把。

愛因斯坦認為，「量子」這孩子已經長歪了，哥本哈根學派的解釋，根本就沒有辦法說服他。這個當初提出**光量子理論**的男人，是因果論和客觀性的堅定擁護者，卻對量子力學（新量子論）嗤之以鼻。

他早就對波耳不滿了。對於波耳的理論，更是渾身上下每個細胞都在抗拒：

「笑話，難道我不看月亮的時候，月亮就不存在嗎？」

　　士可殺不可辱。哥本哈根學派欺負了自己的小弟**薛丁格**，愛因斯坦決定找個機會，好好教訓一下他們。

　　可是哥本哈根學派的這幫年輕人，沒有一個人迷信權威，而且一個個戰鬥力強盛，都是玩命的。尤其是帶頭大哥波耳，他有北歐**海盜**血統，從小就是個科學流氓。

就算是面對天才愛因斯坦，他們也決定幹一架。就這樣，科學史上最有名的物理約架史開始了。

一邊是史詩級的大神，一邊是天才組成的黃金戰隊，毫無疑問，這註定是一場世紀大對決。

哥本哈根學派與愛因斯坦總共約架三次。正是這三次約架，奠定了量子力學在物理學上的重要地位，使它成為二十世紀最偉大的兩大理論之一。

1927 年 10 月 24 日，第五屆索爾維會議召開。這是他們的第一次約架。

索爾維會議

邀請世界著名的物理學家和化學家，來討論各種問題的會議。致力於研究物理學和化學中創新及突破性問題，每三年舉辦一次。

由於前幾次索爾維會議適逢二十世紀物理學大發展時期，參加者又都是一流物理學家與化學家，使得索爾維會議在物理學的發展史上占有重要地位。

看熱鬧的不少，整個物理學界能叫得出名號的人基本都來了。愛因斯坦、波耳、薛丁格、德布羅意、玻恩、普朗克、朗之萬、狄拉克、居里夫人（Marie Curie）等 29 個人，其中有 17 個人是諾貝爾獎得主！

　　這群人組成了一支「物理學全明星夢之隊」，留下了堪稱人類歷史上智商顛峰的一張合影。

　　就算不是「絕後」，也一定是「空前」的。

包立，你又不認真了，看鏡頭啊喂！

　　這支全明星夢之隊分為三個陣營：一個是哥本哈根學派，以波耳為首。成員有海森堡、玻恩、包立、狄拉克。

喲吼，我們來了！

狄拉克緊緊抱著自己的 δ（按：Delta 函數），一言不發低頭跟在大家身後。

這個足以和海森堡齊名、當年發現 $p \times q \neq q \times p$（見 P.91）祕密的小男孩，在一群血氣方剛、躍躍欲試的年輕小夥子中顯得格外靦腆。 ㄟ..ㄟ

走快點，小狄！
這可是上戰場！

嘻嘻，我最帥！

哥待會就要你們好看！

第二個陣營是他們的老對手，以愛因斯坦為首的反對派。

麾下有抱大腿的薛丁格、小王爺德布羅意等幾員大將。

還有一個吃瓜群眾派，他們不在乎你們誰和誰打架，只關心實驗結果。

最前頭站著的是康普頓和澳洲物理學家布拉格（William Bragg），身後還站著居里夫人、德拜（Peter Debye）等一群看熱鬧的鄉民。

最先亮相的是布拉格和康普頓。

他們在臺上口沫橫飛的描述著自己這些年的實驗。當然，臺下另外兩派根本沒認真聽，他們滿腦子想的都是待會兒怎麼收拾對面的人。

　　略顯敷衍的點了頭後，反對派就急不可待的衝上擂臺，準備開打。德布羅意小王爺一馬當先，提出「導航波」的概念，試圖推翻機率解釋，用因果關係解釋波動力學。

　　他說，我雖然提出了物質波，但你們都沒搞懂。

　　粒子是波動方程的一個奇點（按：數學上無法處理的點），就像波上的一個包，它必須受波的引導。而這個波，其實就是物質的運動軌跡。

導航波沒有「物質波」幸運，它遭到了包立的猛烈反擊。

被稱為「上帝之鞭」的包立從小脾氣就很火爆。極具個性的他，一言不合就丟出一個令人震驚的「不相容原理」：我！們！不！一！樣！

看我幹麼？
看黑板啊！

包立不相容原理

在費米子（按：構成物質的最基本粒子，包括電子、夸克等）組成的系統中，不能有兩個或兩個以上的粒子處於完全相同的狀態。在一個原子軌域上，最多可容納兩個電子，而這兩個電子的自旋方向必須相反。

如果波是物質的運動軌跡，那你倒是說說，這個運動到底是怎麼回事，向前？向後？什麼時候停止？

愛因斯坦不完全是錯的，但你從頭到腳都錯了！

德布羅意小王爺羞紅了臉，下不了臺。

薛丁格想來助陣，結果也是自身難保，被玻恩和海森堡兩師徒前後夾擊。

薛丁格的「電子雲」理論認為，波是真實存在的，電子在空間中的實際分布如波般擴散，就像一團雲。

但是海森堡很囂張：對不起啊，從你的計算中，我看不到任何可以證明你理論的東西。

薛丁格自知自己的計算還不完善，便硬著頭皮還擊：「那你們提出的什麼**態疊加原理**更是胡扯！」試圖以一敵二的薛丁格直接被玻恩、海森堡攻擊到懷疑人生。

眼看自己的兩大愛將節節敗退，在一陣可怕的沉默中，愛因斯坦終於**爆發**了。

他直接提出一個實驗模型：**一個電子通過一個小孔得到繞射圖像**。假設一片隔板中間有一條狹縫，朝著這隔板的狹縫發射一個電子，發射的方向垂直於隔板，電子穿過了狹縫，再移動一段距離後，抵達感應屏障。

沒錯，你們的機率分布是比薛丁格的「電子雲」完備。但你們說，電子在到達感應屏前都不確定，到達的一瞬間機率就變成了 100%？這種隨機性不是要以**超距作用**（按：指分別處於兩個不相鄰區域的兩個物體，彼此之間的交互作用）為前提嗎？這是違背相對論的！

對，他認為光速是一切速度的極限，沒有超距作用。

就是那個愛因斯坦引以為傲的相對論？

哥本哈根學派內心一陣戰慄……愛因斯坦是神一般的人物，是大當家波耳的偶像。但面對身為反方帶頭大哥的愛因斯坦，波耳還是勇敢的站了出來。

他有些不忍反擊，試圖先打感情牌——

你不是在 1905 年第一次提出了光的波粒二象性嗎？你當年不是幫助我奠定了舊量子論的基石嗎？

難道你不應該接受更新的量子力學，把理論向前推進一步嗎？

但是此時的愛因斯坦已經吃了秤砣鐵了心：別跟我打感情牌，我只站在真理的一邊。

波耳見偶像不回應，只好狠下心回擊──

敬酒不吃吃罰酒，那就別怪我不客氣了！

你這個模型，同樣不能避免測量時儀器對電子不可控的相互作用，即電子與狹縫邊沿的相互作用，電子在通過狹縫時如果不超距，怎麼感知旁邊沒有其他的縫呢？

也就是說，其實你這個模型也是符合新量子理論的，你還要反駁我們嗎？

想怎樣，嗯？

別衝動呀！

　　波耳出招，雖然重劍無鋒，但直取對方致命弱點。愛因斯坦想反駁，不過憋了半天，還是沒能擠出一個字。

　　會場鴉雀無聲……第一回合，哥本哈根學派勝出。

　　低估了對手實力，愛因斯坦很不服氣。

　　什麼隨機性，什麼機率分布，這是科幻作家幹的事。

　　我一個受過正統教育的科學家，是絕不會放棄因果論的！

我搞的是科學，不是科幻！

他又提出一個模型：**電子雙縫干涉實驗**。

若控制裝置，讓某一時刻只有一個粒子穿過，並分別關閉狹縫，就可以測出電子的**準確路徑和位置**。

藉由干涉條紋又可計算電子波的波長，從而可以精確確定電子的**動量**。怎麼樣，這下你們的**不確定性原理**被否定了吧？（按：物質波公式為波長 = 普朗克常數 ÷ 動量）

愛因斯坦自以為這局穩勝，波耳卻古怪的笑了：愛因斯坦先生，如果你關上其中任何一個狹縫，實驗的狀態就完全改變了！雙縫開啟干涉現象也不再出現，實驗又回到了單縫狀態，等於又多了一次不確定因素！

愛因斯坦目瞪口呆，自己竟然又給對方送去了一分！

這個實驗，不但沒反駁成功互補原理，反而用互補原理說明了波粒二象性！

第二回合，還是哥本哈根學派勝！

double kill！

大神愛因斯坦竟然連輸兩局！整個物理學界都沸騰了！量子力學到底是何方神聖？哥本哈根學派真的要掀翻人類構建的物理大廈嗎？

去旁邊，我們才是主角！

六天的會議，變成了這兩個人的擂臺戰。早上，愛因斯坦給出一個試圖駁倒量子力學的實驗。

但是波耳總會趕在晚餐前，給出反駁的證明，每每都讓愛因斯坦吃不下飯。

波……耳……

太不厚道了，看看我們愛神都瘦成什麼樣子了！

　　愛因斯坦屢戰屢敗卻越挫越勇。最後，他惱羞成怒，扔下了一句物理學名言：

 ## 波耳，上帝不擲骰子！

　　物理學就應該一切簡單明確，遵循因果論，A 導致了 B，B 導致了 C，C 導致了 D。

　　波耳此時也已經豁出去了，他毫不留情的回嗆：

愛因斯坦，別去指揮上帝該怎麼做！

　　血液裡的海盜蠻勁在躁動。他甚至開始了人身攻擊：「你當年最蔑視權威，現在卻故步自封！」

131

與哥本哈根學派的第一次約架，愛因斯坦輸得慘不忍睹。哥本哈根學派大獲全勝，越來越多人皈依量子門下。

第一次愛波之戰，以愛因斯坦的慘敗告終。

但是愛因斯坦並沒有被說服，他也沒那麼容易被打敗。

他身後依舊站著兩員大將，一位是薛丁格，一位是德布羅意。這三人個個都是一代宗主，誓與經典理論共存亡。他們蟄伏三年，準備在下一次約架中一雪前恥。

1930 年，第六屆索爾維會議召開。這是他們第二次約架。
同樣的季節，同樣的地點，同樣的老相識。

這次，愛因斯坦有備而來。他先發制人，快狠準的打出一張實驗牌：光盒實驗。

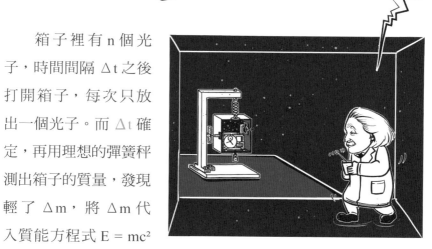

箱子裡有 n 個光子，時間間隔 △t 之後打開箱子，每次只放出一個光子。而 △t 確定，再用理想的彈簧秤測出箱子的質量，發現輕了 △m，將 △m 代入質能方程式 E = mc²（E 指能量，C 為光速常數），△E 也確定。既然 △E 和 △t 都確定，那你們家不確定性原理，$\Delta E \Delta t \geq h \div 4\pi$，也就不成立！

愛因斯坦一記直拳，直中要害。波耳毫無想法，當場說不出話來。這次他沒能在晚飯前反擊，愛因斯坦終於好好吃了一頓晚餐。

飯後他還愉悅的在房間裡拉起了小提琴。

波耳緊急召集兄弟們，整個哥本哈根學派進入一級戒備狀態。

第二天一大早，一夜沒閉眼的波耳，頂著兩個濃重的黑眼圈出現在臺上。

好，你說一個光子跑了，箱子輕了 Δm，這沒問題。
那怎麼測量這個 Δm 呢？

先上一個彈簧秤，再設置一個零點，
因為箱子變輕，位置會上移一點點。
再假設箱子位移了 Δq，
根據廣義相對論的紅移效應，
箱子在引力場移動 Δq，
Δt 也會相應改變。
再根據普朗克關係式可計算出——
$\Delta t > h / \Delta mc^2$，把它代入 $E = mc^2$ 中，
得到：$\Delta E \Delta t > h$。

這個式子，還是海森堡的不確定性原理。

愛因斯坦，你是不是忘了，你自己廣義相對論中的紅移效應，即光頻率降低的現象（按：當光源遠離觀測者時，所見到的光波頻率會減少，往長波長的紅光偏移，故稱紅移）。引力場可以使原子的頻率變低，也就是紅移，等效於時間變慢。

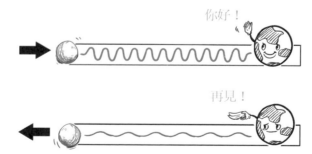

你想要準確測量 Δm 或 ΔE，但你其實根本沒辦法控制光子逃出的時間 Δt，因為它測不準。

這一招實在太陰險，對方竟然用自己的獨門絕技打敗了自己？愛因斯坦啞口無言。苦心閉關三年，他和薛丁格、德布羅意在實驗室反覆沙盤推演，原以為萬無一失，可以一招制敵。但是自己精心設計的實驗，又一次成了不確定性原理的一個絕佳例證。

第二次約架，愛因斯坦又輸了！對手用自己的矛（廣義相對論）戳穿了自己的盾（狹義相對論）。

愛因斯坦很無奈，不過作為一代名家，自然不能輸了又耍賴。

於是，他只好假裝承認了哥本哈根學派理論的一致性。

但就算廣義相對論弄死了狹義相對論，如果那麼容易就放棄，那愛神也就不是愛神了。

上帝擲骰子嗎？ 鬼才信！

骰子背後一定還隱藏著其他真相，決定了骰子的行為。

這最後的倔強，已經成了愛因斯坦的執念。

雖然這個時候量子派的門徒越來越多，但哪怕全世界都說他選錯了隊，他也不惜與整個世界為敵。

1933 年，第七屆索爾維會議召開。但此時，愛因斯坦正被納粹逼得在異國他鄉流浪——他缺席了。

缺了愛因斯坦，**會議變得索然無味**。沒了領導者的薛丁格、德布羅意兩人，在新量子論的喧鬧中沉默不語。

世界是我們的，也是他們的。

歸根結柢是他們的……

1935 年，孤獨的愛因斯坦又找到了**兩個同盟軍**，美國物理學家波多爾斯基（Boris Podolsky）和羅森（Nathan Rosen），他們聯合發表了一篇論文。

你看我們多厲害！

就是，量子力學等著瞧！

《能認為量子力學對物理實在的描述是完備的嗎？》

論文的名字很長：「能認為量子力學對物理實在的描述是完備的嗎？」

波耳，這次你們完蛋了！

這一次，是雙方的第三次約架。

愛因斯坦吸取了之前血的教訓。他不再攻擊量子力學的正確性，而準備改說它是不完備的。

對於新量子力學，愛因斯坦心理上有兩個檻過不去。一個是，怎麼可能有超光速信號的傳播？愛因斯坦稱之為「定域性」。另外一個是「實在性」：你不去看，難道天上的月亮就不存在了嗎？

我才不信！
你們就是一群
江湖騙子！

只要你們違背了我的「**定域實在論**」，那就說明你們量子力學是不完備的！

定域實在論

某區域發生的事件不能立即影響在其他區域的物理事件，傳遞影響的速度必須不超過光速。

為此，愛因斯坦準備了一個實驗，來說明量子力學違背了定域實在論，大意是：一個**母粒子**分裂成兩個自旋方向相反的子粒子 A 和 B。

這樣兩個糾纏態的粒子，薛丁格後來把它叫做——

量子糾纏

一種純粹發生於量子系統的現象。在古典力學裡，找不到類似的現象。兩個暫時耦合的粒子，將兩個相互糾纏、交互作用的粒子分開之後，彼此之間仍舊維持關聯。

這兩個粒子是互相影響的。如果粒子 A 為左旋，那 B 一定是右旋，以保持**守恆**，反之亦然。

按照**量子力學**的解釋，這兩個粒子相互之間是有聯繫的。那麼，如果這兩個粒子分開得夠遠——比如，粒子 A 在銀河系的**一頭**，粒子 B 在銀河系的**另一頭**，相隔 10 萬光年以上。你對粒子 A 吹口氣，難道粒子 B 也會在**同一瞬間**，做出相對的反應嗎？

這難道不是一種**鬼魅般**的超距作用嗎？怎麼可能有超光速信號？這不是違背了**定域實在論**嗎？這顯然不可能。因此，量子力學並**不完備**！

綜上所述，這就是整篇論文的論據。這個思想實驗，也被稱為「EPR 理論」，命名靈感來自三人名字的縮寫。

EPR

愛因斯坦—波多爾斯基—羅森理論
Einstein — Podolsky — Rosen paradox

EPR 理論超級**複雜**，涉及因果性、超光速信號、定域性、實在性……愛因斯坦信心滿滿：波耳，這一次你別想**安心睡**！

所以你們
不可能在一起！

可現實往往很殘酷。波耳不僅一覺到天亮，還**淡定**的給出了反擊——

愛因斯坦，你這 EPR 理論完全是個**虛招**！我懶得反駁你的定域實在論。

我就問你，你二話不說就先**假定**了兩個粒子在觀察前，分別都有個**客觀**的自旋狀態存在。

這兩個客觀存在的粒子是哪兒來的？

你走開！拆人姻緣要遭雷劈的！

　　根據量子力學的理論，在沒有觀測前，一個客觀獨立的世界並不存在，更不存在客觀獨立的兩個粒子。它們本就是一個相互聯繫、相互影響的整體。在被觀測之後，粒子 A、粒子 B 才變成客觀真實的存在。又怎會需要傳遞什麼超光速信號？

量子力學仍然是完備、邏輯一致的。

第三次論戰，愛因斯坦又沒能贏！整個物理學江湖亂成一團……，連大神愛因斯坦都無法打敗他們，這是新的大門派要誕生了啊！

至此，三次神仙打架也落幕了。

哲學觀上的最終差異，使得兩個硬脾氣，誰也沒能說服誰。

而波耳和哥本哈根學派，就這樣在三次對決中，確立了自己的江湖地位。

不得不說，愛因斯坦是一個偉大的反對派。作為一代科學巨匠，他的反對成了量子力學最好的試金石，每一次他提出的問題，都推動量子力學前進了一大步。甚至有人懷疑他是量子力學派來的臥底。

在愛因斯坦的「送溫暖」中，量子力學的本質被一步步深入揭示，地位也被徹底承認。

即便是這樣，愛因斯坦與波耳的私人關係，並沒有因為觀念之爭而受到絲毫影響。

　　愛因斯坦習慣了在重大問題上想到波耳：「要不找波耳聊聊？」波耳也感念他的反對，認為他是新思想的源泉。

　　這兩個科學界神一樣的男人，爭論問題時，他們是這樣的：

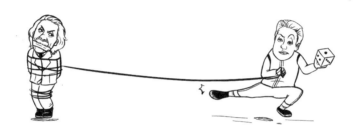

　　在一起時，他們又是這樣的：

晚上要不要
一起看個電影啊？

走啊，
順便吃個飯！

1962 年，波耳去世後的第二天——人們在他的黑板上，發現了當年愛因斯坦光箱實驗的草圖。

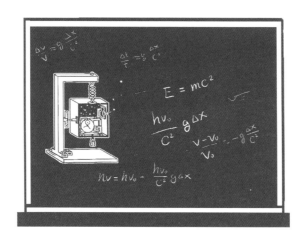

他對愛因斯坦的反對是如此眷戀，至死還縈繞於心。而此時的愛因斯坦，已經去世了 7 年。

　　在愛因斯坦的反對和哥本哈根學派的推動下，量子力學以火箭升空般的速度成長。

　　它註定要在科學史上發光發熱，成為現實世界中最重要、最前衛、最玄妙，也最讓人琢磨不透的一門理論。

　　正如波耳所言——誰如果在量子力學面前不感到震驚，他就不懂現代物理學；同樣，如果誰不為此理論感到困惑，那他就沒有真正的理解它。

　　然而，物理學史上最偉大的戰爭遠遠沒有結束。量子力學過於深邃，它探索的是**未知的微觀世界**，哥本哈根學派的解釋又如此詭異。別說全世界的科學家，連說服自己的朋友都不是一件容易的事。

雖然愛因斯坦已經去世，但反對的火苗仍在**熊熊燃燒**。

　　作為愛因斯坦嫡系大將，薛丁格賊心不死，他座下的神獸早已**蠢蠢欲動**。

　　這隻神獸正張開著血盆大口，想要吞噬整個量子世界。

這隻妖貓將如何興風作浪？量子力學又是如何穩定地位，
得到科學界的普遍認可？

＜小劇場・波耳的夢＞

<完>

第五章

薛丁格的貓

全世界的科學家都哭了：

薛丁格，我恨你家的貓一輩子！

本章重要登場人物

戴維・玻姆（David Bohm）
美國物理學家

提出了隱變量理論，以反潮流的大無畏精神和嚴謹求實的科學態度，對波耳創立的量子力學正統觀點提出挑戰，並致力於量子理論的新解釋。

休・艾弗雷特三世（Hugh Everett III）
美國物理學家

平行世界理論之父。其創立的多世界理論，打破了理論物理學在解釋量子力學原理方面的僵局。

默里・蓋爾曼（Murray GellMann）
美國物理學家

夸克之父，提出了質子和中子是由三個夸克組成，是粒子物理學領域的巨人。

約翰・貝爾（John Bell）
英國物理學家

隱變量理論的支持者，提出的貝爾不等式為微觀世界做出了終極審判，被稱為「科學史上最深刻的發現之一」。

雖然和量子力學的**三次對決**，

愛因斯坦都失敗了，

但**反對派**的火焰仍然在燃燒。

薛丁格帶著他的貓，一直**虎視眈眈**的

盯著量子力學。

1935 年，愛因斯坦 EPR 理論剛出現，薛丁格就歡欣雀躍：終於找到量子力學的致命傷了！

但是他萬萬沒有想到，EPR 理論也沒能鎮壓住量子力學。

雖然在愛因斯坦的光環下，薛丁格只是小弟，但其實同樣也是實力一流的大科學家。

哥本哈根學派第一條核心原理——**機率詮釋**，就是用薛丁格方程式來描述量子行為。雖然不怎麼喜歡他這個反對黨，但哥本哈根學派也不得不承認，薛丁格是量子力學的**奠基人**之一。

這真是一件讓人討厭的事情！

機率詮釋

　　在完全相同的條件下重複探測粒子的位置，會出現完全隨機的結果，但大量實驗過後，任意位置探測到粒子的機率則完全滿足波函數（按：用以描述量子系統的狀態）。

除此之外，薛丁格還是**分子生物學**的**開山鼻祖**，他寫的《生命是什麼》一書暢銷至今。有些人**隨便玩玩**就可能玩出震驚世界的成績，薛丁格就是這樣的人。

你在寫書嗎？

哎呀，小意思啦。

好厲害呀！

不過，最讓薛丁格名揚天下的，不是他本人，而是他養的那隻貓。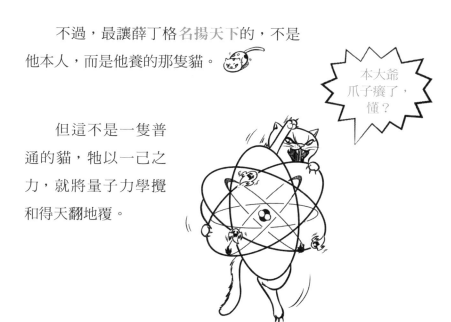

但這不是一隻普通的貓，牠以一己之力，就將量子力學攪和得天翻地覆。

「薛丁格的貓」是怎麼來的呢？

愛因斯坦落敗後，老薛心裡極度憋屈又難受。他又一次複習了 EPR 理論，覺得沒毛病啊！薛丁格認為愛因斯坦沒有錯，錯的是哥本哈根學派，這一派個個都是詭辯高手。

他得再做一個實驗，這個實驗要讓每個人一眼就看懂。正想著實驗要怎麼做的薛丁格，掃了一眼周圍——他的貓正在撕咬他的論文《量子力學的現狀》！正在氣頭上的薛丁格靈光乍現：這麼皮，把你拿去做實驗好了！

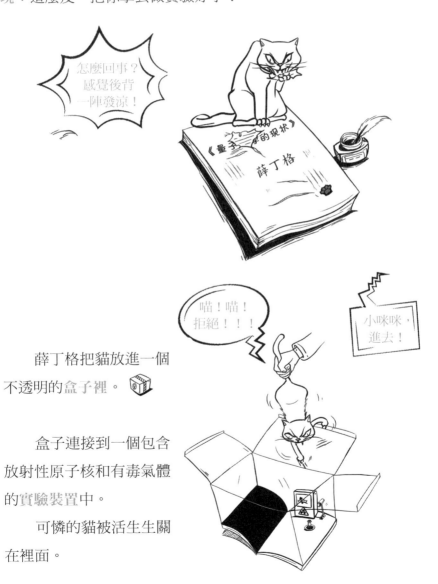

薛丁格把貓放進一個不透明的盒子裡。

盒子連接到一個包含放射性原子核和有毒氣體的實驗裝置中。

可憐的貓被活生生關在裡面。

如果原子衰變了，毒氣瓶會被打破，盒子裡的貓就會被毒死；要是原子沒有衰變，貓就好好的活著。由於原子核是否衰變是隨機事件（按：原子的衰變是自然發生，且無法預知何時會發生，通常以機率表示），所以在量子力學中我們稱之為疊加態。那麼這隻貓理所當然也隨著原子核疊加，進入一種「又死又活」的狀態。

這就是名揚天下的「薛丁格的貓」思想實驗。

這樣一隻貓，與我們的常識是如此相悖。

薛丁格得意的大笑：「波耳，你們有見過一隻又死又活的貓嗎？」

薛丁格的貓思想實驗的高超之處在於：它將看不見的微觀世界，與視覺化的宏觀世界聯繫了起來。

這隻貓，成了行走於宏觀世界和微觀世界的靈寵。

你們不是欺負人們看不到嗎？

我現在就讓全世界看到你們哥本哈根學派的醜陋！

薛丁格開啟了最高級嘲諷模式：你們非要將我的波函數方程式解釋成一種**疊加的機率**。你看，現在搬起石頭砸自己的腳了吧！

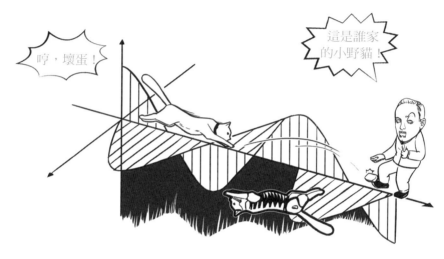

我沒辦法想像一隻既死又活的**幽靈貓**長什麼樣子，玻恩你見過嗎？

疊加態不是微觀世界量子論的核心嗎？

現在我將它帶到宏觀世界了，你們自己看看，它是多麼可笑！

按照量子力學的解釋，薛丁格的貓是生死疊加的。

如果把貓換成人，那豈不是有一個不死不活的喪屍了？

這實在太可怕了，簡直是匪夷所思。這隻貓嚇壞了一大批人，特別是信奉量子力學的科學家。

自從這隻貓出現後，很多物理學家夜夜噩夢纏身，不得安寧。

連多年後的霍金（Stephen Hawking）在聽到「薛丁格的貓」時，也恨不得直接拿起槍把薛丁格的貓一槍斃了。

> 不要攔我！
> 漸凍症也阻止不了我！

> 你能拿我怎麼樣？
> 打我呀！

薛丁格的貓實驗否定的是哥本哈根學派的機率解釋。

如果量子力學的三大基石之一被毀掉了，那科學家進軍微觀世界的夢想也將徹底破滅。

為了將這隻行走於陰陽兩界的貓拯救出來，科學家們用盡渾身解數，提出五花八門的解釋。貓神啊，是生，還是死，這是一個問題。

首先給出解釋的，還是哥本哈根學派。他們其實有點心虛，但也只能硬著頭皮上：你的實驗盒子裡，有一個計數器是用來測量原子是否衰變的。

　　從這一步起，波函數的**疊加態**就已經**塌縮**了。後面的貓是生是死，完全是屬於古典世界，**不存在疊加態**。

　　這種解釋乍聽好像還挺有道理的。是啊，微觀世界一開始就被破壞了。

　　但不久後，現代應用**電腦鼻祖**，年輕的美國數學家約翰·馮·諾伊曼（John von Neumann）就一針見血的指出：不對！計數器本身也是由微觀粒子組成的！

無限複歸
用計數器去測量放射性原子衰變不衰變，原子的波函數確實是塌縮了，可是計數器的波函數又不確定了！
……

測量儀器也有自己的波函數！

你用 B 去測量 A，用 C 去測量 B，只不過是 A 的疊加態轉移到了 B，B 的不確定又轉移到了 C……到最後，整個大系統的波函數還是**沒有塌縮**（按：因為盒內的計數器和貓的狀態還未被人類觀測到）。

小寶貝快點來我這兒啊！

到最後，波函數之所以塌縮，還是因為人的意識參與。只要沒有「被意識到」，貓就是又死又活的。那究竟什麼是意識？大腦？靈魂？思想？

你瞎說的吧，怎麼扯到玄學了？

喂，你不要質疑我對科學的愛！

這種解釋也太唯心主義了，遠遠超出了科學所能管轄的範圍。很多邪門歪道也借此學說大做文章：量子為我們指出了光明大道。

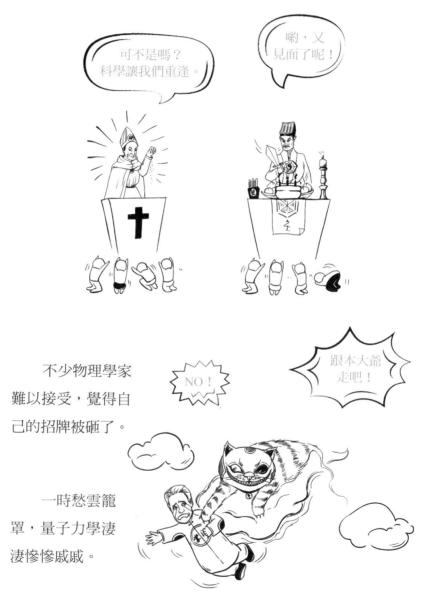

不少物理學家難以接受，覺得自己的招牌被砸了。

一時愁雲籠罩，量子力學淒淒慘慘戚戚。

這個時候，暗中窺視的愛因斯坦一派伺機而動。看到量子力學大廈被哲學搞得搖搖欲墜，愛因斯坦的追隨者覺得，這是一個大好時機。

他們悄悄帶來了第二種解釋，也就是反哥本哈根學派的詮釋。他們不反對量子力學，只想在量子力學的世界奪權，掠取哥本哈根學派打下來的「量子江山」。

它的代表人是美
國物理學家玻姆。1952
年，玻姆創立了一個完
整的**隱變量理論**。

什麼是隱變量？它
繼承了愛因斯坦、德布
羅意的雙重思想。

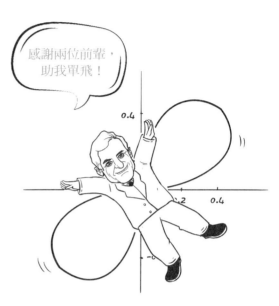

> 感謝兩位前輩，
> 助我單飛！

> 噓！我猜得
> 應該沒錯！

當初愛因斯坦認為，
骰子的背後一定還有一個
神祕者。

「他」嚴格決定了骰
子的行為，造成了表面的
機率隨機性。（按：隱變
量意指無法觀測的隨機變
量。）

第五屆索爾維會議上，德布羅意也曾提出一種控制引導粒子運動的波。雖然小王爺被包立炮轟，導航波理論不了了之，但這種不可知又起主導作用的變數思想，深深吸引了後輩小生玻姆。

作為愛因斯坦的信徒，玻姆認為，量子力學是好東西，應該發揚光大。

但哥本哈根學派主導的量子論存在著太多問題。

在玻姆看來，哥本哈根學派含糊混淆的那些現象，主要是因為存在著一個隱形變數。為此，他用高超的數學手法復活了導航波理論，寫下了一個複雜到讓許多科學家覺得生無可戀的隱函數。

玻姆說，這個隱變量，就是愛因斯坦尋找的神祕力量。但因為我們還沒有發現，也發現不了，所以微觀粒子才表現出不確定，才會有疊加態。

所以，老薛家的那隻小貓，才會有一種活著又死了的狀態。

奧卡姆剃刀原則

由十四世紀邏輯學家奧卡姆的威廉（William of Occam）提出，「如無必要，勿增實體」，即「簡單有效原理」。

如果對於同一現象有兩種或多種不同的假說，我們應該採取比較簡單或可證偽的那一種。

雖然看上去特別有道理，但不能找出反面的例子，玻姆的隱函數同樣難以服眾！

存在但又絕對觀測不到？那和不存在有何區別？這不是廢話嗎？

這明顯違反了奧卡姆剃刀原則。別說其他物理學家了，連愛因斯坦生前都對玻姆的理論不敢苟同。

好吧，這第二種解釋也不能讓物理學家滿意。

全世界的科學家都哭了：薛丁格，我恨你家的貓一輩子！

黃金時代的這些科學家愁得頭都要禿了。

1957 年，又一個不尋常的傢伙出現了：**艾弗雷特三世**。他帶來了荒謬又可笑的第三種解釋。這傢伙也是個不得了的人才，一邊喝酒、一邊為美國的**氫彈**提供演算法。

艾弗雷特看不慣那些畏畏縮縮的科學家。

他表明的說，別多愁善感了，根本沒有什麼又死又活的「**疊加貓**」，貓也不是你看一眼就死了的。本來就有兩隻貓，一隻是活著的，另一隻死了。只不過這兩隻貓各自在兩個世界裡，兩個「你」看到了不同的貓。

你們不是一直在疊加態裡糾結嗎？

現在原子是疊加的，計數器是疊加的，貓也是疊加的。不同的是，觀測者也變成了疊加的，連整個世界都是疊加的。

你在這個世界打開盒子，看到了死貓；另外一個世界的你，看到的卻是一隻活蹦亂跳的貓。波函數從來沒有塌縮過。

艾弗雷特眼中有一個量子世界：整個宇宙是一個總體的波函數疊加系統，裡面包含了很多個完全孤立、互不干涉的「子世界」。

從宇宙大爆炸以來，這些世界就各自演化著，誰也看不到誰。

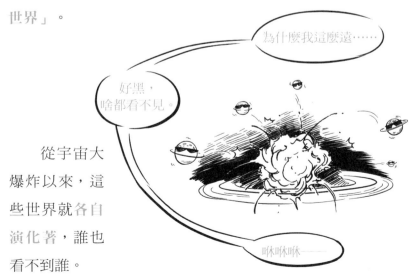

這個，就是**多世界詮釋**（Many-Worlds Interpretation，簡稱 MWI），也就是拯救了無數科幻電影編劇的「平行宇宙」論。

佛說，三千大世界，億萬小世界。量子力學和佛學在這裡完美牽手了。難不成，科學的盡頭真是玄學？

如果愛因斯坦聽見了，內心一定很糾結。以前還只是個擲骰子的遊戲，現在可好，直接精神分裂了。物理學家也是個個目瞪口呆，誰也不敢輕易接受這個理論。這次雖然不唯心了，但整個世界觀都要崩塌了。

不過，艾弗雷特自己卻挺得意，還千里給波耳獻寶，希望得到量子力學「教主」的認可。

但這時，愛因斯坦已經去世，思念成災的波耳表示沒心情。

　　艾弗雷特深受打擊，一氣之下直接轉行不搞物理了。轉行後的艾弗雷特，創業搞起了**軍火生意**，和他完全看不起的官僚打交道。但是他最在意的，仍然是那個**神祕的量子世界**。

　　他一生都在堅持自己的觀點：

　　任何**孤立系統**都必須嚴格的按照薛丁格方程式演化。為什麼要給數學原理附加假設條件來解釋現實世界？數學原理難道不比現實世界**真實**？

$$i\hbar \frac{\partial \psi}{\partial t} = -\frac{\hbar^2}{2m}\nabla^2\psi + \nu\psi$$

（按：此為含時薛丁格方程式）

好在上帝聽到了苦孩子艾弗雷特內心的呼喚，1980 年代，平行宇宙論重新紅了起來。但那時的他早已離世，去往多重世界，追求詩和遠方了。

讓平行宇宙重返討論的，是一群繼承了多宇宙思想的科學家。

他們在平行宇宙基礎上發展出了一種新的解釋：退相干。

這種新解釋，就是第四種解釋，也是目前的主流解釋。它解釋了為何平行世界沒有在宏觀中顯示疊加態。通俗點來說，就是解釋了為什麼我們感受不到另外一個平行世界。

退相干理論研究者首先指出，不可能有同時又死又活的貓。

如果貓是活的，那一步步反推回去，毒氣瓶就沒有碎，放射性原子也沒有衰變，反之同理。

也就是說，如果貓不會生死疊加，那放射性原子也是不疊加的，**波函數早就塌縮了**。

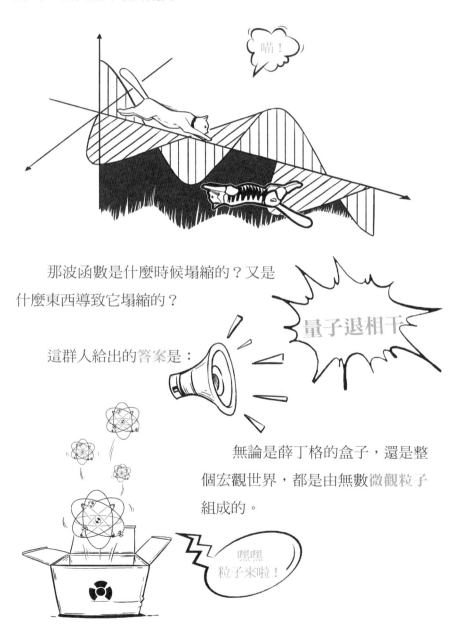

那波函數是什麼時候塌縮的？又是什麼東西導致它塌縮的？

這群人給出的**答案**是：

量子退相干

無論是薛丁格的盒子，還是整個宏觀世界，都是由無數微觀粒子組成的。

嘿嘿
粒子來啦！

它們的疊加性其實也是一種相干性。但量子的相干性會因外部環境的干涉而逐漸消失。說白了，就是其他粒子影響了盒子裡的放射性原子，最後變成宏觀性質了。

量子退相干是德國學者漢斯（Heinz-Dieter Zeh）在 1970 年提出的。但和可憐的艾弗雷特一樣，當時並沒有多少人注意到它。直到 1984 年，美國物理學家詹姆斯·哈妥（James Hartle）的關注才讓「退相干」理論正式發展壯大起來。

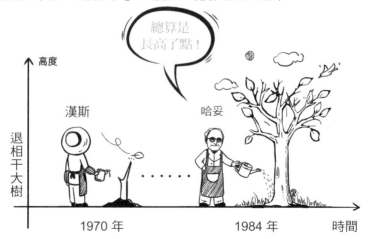

哈妥是加州理工學院的一名博士生。

他的後臺很強勢，師父是夸克之父蓋爾曼（Murray Gell-Mann），師伯則是費曼。

我可是站在巨人肩膀上的喲！

這兩位大師，堪稱加州理工學院絕代雙驕。他們既是同伴又是競爭者，兩個人辦公室緊挨著。費曼總是時不時跑到隔壁，緊張兮兮的打探蓋爾曼有沒有背著他搞新研究。

讓我看看蓋老頭在幹麼？

加州理工學院

191

　　1984 年，當哈妥把美國物理學家格里菲斯（Robert Griffiths）的一篇「歷史」論文拿給老師看時，蓋爾曼一拍大腿：**好啊！**

如果把它和隔壁費曼那傢伙二十多年前創立的路徑積分表述掛上鉤，那薛丁格的貓就滿足於一種加強版的 MWI：

退相干歷史（Decoherence History，簡稱 DH）。

退相干歷史
歷史是一個系統在一段時間內
經歷的所有狀態變化。
量子態展示的是這個系統的
內部，包括所有粒子的
可能變化狀態（精細歷史），
及觀測了之後的事件形成一個
歷史事件（粗粒歷史）。

這種解釋，可比那些意識流強多了。費曼啊費曼，這一次我可沒有背著你偷偷用功。

DH 認為在宇宙中世界只有一個，但歷史有很多個，分為粗粒歷史、精細歷史。

　　精細歷史是量子歷史，無法求解機率；粗粒歷史是古典歷史，在宏觀上顯示，類似於路徑積分，可以計算機率。

　　每一個粒子都處在所有精細歷史的疊加中，比如放射性原子。

　　不過一旦涉及宏觀物體，我們所能觀察到的就是一些粗粒化的歷史，比如打開盒子後看到的貓。

因為量子退相干了，這些歷史永久的失去聯繫，只剩一種被我們感知到（按：即觀測了之後的事件）。

最後，本該是無序糾纏的量子，就表現得如互相獨立的古典世界一樣。

本該是粒子疊加態的薛丁格實驗，打開盒子後，就只能看到一種狀態的貓（生／死）。

雖然退相干並不是十全十美，但無論是從數學上還是哲學上，它都讓三維世界的我們好受一點。

現在它已經成為量子力學的主流理論之一。不少科學家正利用它來建立真正的現實應用，量子計算與量子通信就正在與退相干鬥爭。

　　至此，為了解救那隻行走於**陰陽兩界**的貓，幾大相對成熟的解釋，全部**瓜熟蒂落**。在開國元勳波耳去世多年後，量子國度又迎來了一次大豐收。

　　作為二十世紀最風騷的科學，為了角逐出哪一種量子力學解釋**最受歡迎**，在上世紀最後一個年頭裡，劍橋牛頓研究所甚至舉辦了一場**投票**。其中——

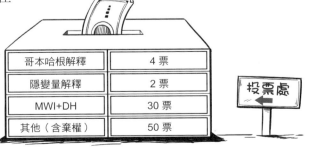

哥本哈根解釋	4 票
隱變量解釋	2 票
MWI+DH	30 票
其他（含棄權）	50 票

而此時，定義量子糾纏、提出波函數方程式的偉大科學家——風流的薛丁格，已經長眠地下幾十年了。

你在那邊過得還好嗎？

但他的小貓咪，從 1935 年開始，在科學圈橫行了幾十年，還成了科學史上第一神獸。

如果薛丁格還活著，可能會對他的貓好一點吧！

都 9102 年了，你怎麼還不起來？

　　薛丁格本來想讓他的貓攻擊哥本哈根學派，嘲諷一下量子力學。結果到死也沒想到，他的貓竟然成為了量子世界的**定海神針**。

　　只能說，薛丁格不愧是愛因斯坦的小弟，連給量子力學**送助攻**，都和愛因斯坦一模一樣。

　　隨著薛丁格的貓興風作浪幾十年，科學家也漸漸忽略了愛因斯坦曾經對波耳的質疑。相反的，量子力學越來越完備，理論體系也越來越豐富。

　　不過，雖然量子力學打了一場又一場勝仗，但都不算是完全的勝利，質疑的聲音也一直沒有停止。

　　愛因斯坦提出的 EPR 理論像不可攻破的堡壘。儘管在量子風暴中飽受摧殘，它的**定域實在論**仍然牢牢把守著古典世界的大門。

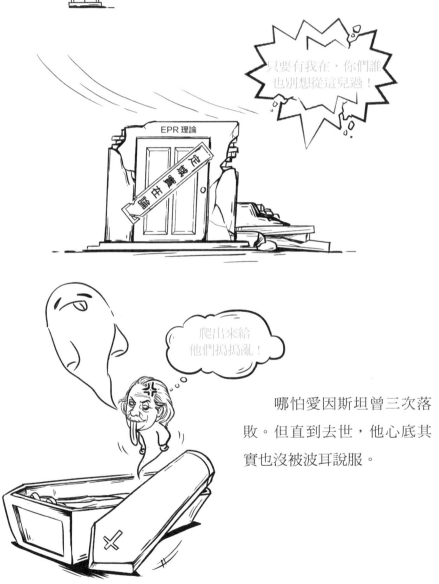

　　哪怕愛因斯坦曾三次落敗。但直到去世，他心底其實也沒被波耳說服。

這兩個偉大科學家之間的較量，早就超越了個人之間的戰爭，是一場關於世界本質的辯論。

微觀世界到底符合定域實在論（古典），還是量子不確定性？最終一定要做個了斷。

一槌定音的戰役在 1964 年發動，愛因斯坦的信徒——貝爾重溫了 EPR 理論。

把定域實在論轉化為另一種令所有科學家心服口服的語言。他提出了一個不等式——

這個不等式，用超越了宇宙文明維度的數學語言鑄造而成，被稱為「科學史上最深刻的發現」。

既然在物理世界沒辦法分出高下，我們就轉戰到更本質的數學領域，用數學來判斷究竟誰對誰錯。

這樣一份嚴謹、客觀的宇宙判決書，對量子力學、微觀世界的命運，做出了最後審判。

決戰終於來臨，一場偉大的**宇宙審判**一觸即發。

微觀世界的命運
最終會走向哪裡呢？

< 小劇場・寵物醫院 >

第六章

貝爾不等式

一場充滿哲學色彩的科學爭論，
徹底轉變為一場用數學語言描繪的實驗。

1960 年代，是量子力學史巨星隕落的時代。

愛因斯坦逝去不久，薛丁格、包立、波耳相繼去世。

科學史上的黃金年代漸漸離人們遠去。

不過，微觀世界的真相究竟如何？愛因斯坦與波耳到底誰是對的？

這個難題留給了一批能獨挑大梁的新生代科學家，其中之一就是英國物理學家貝爾。

在貝爾上大學的時候，量子大廈的主體就已經大致完工。波耳成了擁有無數追隨者的「教主」。自命不凡的貝爾遺憾沒有趕上科學史上的最好時代，錯過了與「黃金一代」正面對抗的機會。

作為愛因斯坦的追隨者，以及對波耳眼紅的人，一心想著做出一番事業的他，整天琢磨著如何搶班奪權。

終於，在薛丁格的貓鬧得滿城風雨時——1964 年，貝爾忍不住出手了：都走開，讓我來！

貝爾不喜歡量子力學聽上去主觀又唯心的樣子。

他想要的是一個確定的、客觀的世界。但愛因斯坦這麼多年都沒能在論戰中贏過波耳，區區貝爾真的行嗎？

貝爾有自己隱藏的絕招，那就是 1952 年玻姆提出的隱函數。

當年薛丁格的貓鬧事，玻姆想用隱變量來哄貓，沒想到貓沒哄成，他自己還被轟下了臺。在新一代數學大神馮・諾伊曼的禁錮中，隱變量舉步維艱。

但是貝爾堅持認為，隱變量是反擊哥本哈根學派的「祕密武器」。

相較於哥本哈根那玄學的一套，貝爾更喜歡隱變量理論。因為雖然玻姆的隱變量拋棄了定域性，但它至少恢復了世界的實在性。只要他在這基礎上，再證明一個定域隱變量的存在，就證明了量子力學的非定域性也是錯的。

心動不如行動，貝爾說幹就幹。他捲起袖子，研究起了愛因斯坦的老實驗：EPR 理論。

在 EPR 理論中，一個母粒子分裂成了兩個自旋方向相反的子粒子 A 和 B。按照愛因斯坦一派對量子隨機性的想法，兩個子粒子 A 和 B，就像在南北極的兩隻手套。不管你觀不觀測，它們是左手還是右手，從分開那時起就已經確定了。

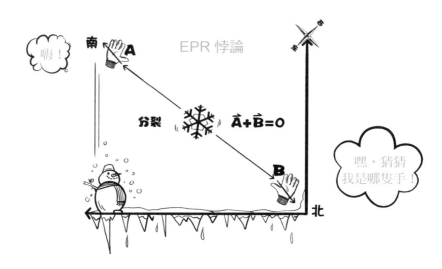

既然宇宙中不存在超距作用，遠距離鬧鬼也不可能。

那麼，在觀測的一瞬間，兩個糾纏的粒子必然在古典世界存在某種極限。

這個如緊箍咒一般的極限，究竟是什麼呢？

先將 A、B 兩個粒子放在一個三維空間 XYZ 中，如果 A 粒子在 X（Y/Z）方向上自旋為＋，B 粒子在 X（Y/Z）自旋必定為－。

再假設 Pxy 是粒子 A 在 x 方向上和粒子 B 在 y 方向上的相關性，Pzy、Pxz 同理，則可得出：

A、B 粒子方向一致 P 為正，方向不一致 P 為負。

假設：存在隱變量 H

$$Pxy = -N_1 - N_2 + N_3 + N_4 + N_5 + N_6 - N_7 - N_8$$
$$Pzy = -N_1 + N_2 + N_3 - N_4 - N_5 + N_6 + N_7 - N_8$$
$$Pxz = -N_1 + N_2 - N_3 + N_4 + N_5 - N_6 + N_7 - N_8$$

$$|x-y| \leq |x| + |y|?$$

$$|Pxz - Pzy| = 2|-N_3 + N_4 + N_5 - N_6|$$
$$= 2|(N_4 + N_5) - (N_3 + N_6)|$$
$$\leq [|(N_4 + N_5) + (N_3 + N_6)|]$$
$$\leq 1 + (-N_1 - N_2 + N_3 + N_4 + N_5 + N_6 - N_7 - N_8)$$
$$\leq 1 + Pxy$$

亢奮的貝爾一頭栽進了 A、B 粒子的糾纏中，最後他推導出一個數學公式：

$$|Pxz - Pzy| \leq 1 + Pxy。$$

可別小看了這個長相普通的不等式，它是一個神奇寶貝，對宇宙的本質做出了最後的裁決。

$$|Pxz-Pzy| \leq 1 + Pxy$$

它意味著，如果我們的世界同時滿足：

1. 定域性，也就是沒有超光速信號的傳播。

2. 實在性，也就是說，存在著一個獨立於我們觀察的外部世界。

那麼兩個具有相反自旋方向的粒子，它們的運動，必定受限於不等式。

哈哈哈，
你們別想跑！

簡單來說，就是——如果微觀世界是古典的，那麼不等式成立。反之，則不成立。

這個不等式的誕生，正式宣告：

一場充滿哲學色彩的科學爭論，徹底轉變為一場用數學語言描繪的實驗。

這麼多年的口水戰有啥用，還不是得靠我！

你們給我等著！

這個由隱變量理論推導出來的式子簡潔有力，任何神祕玄乎的假象在數學面前都要黯然失色。

它打破了一直以來的僵局，隱變量重見天日，一個定域又實在的世界近在眼前。

這一切看起來都是那麼順理成章。完美、客觀的數學語言令全世界的科學家折服。

看到自己的不等式得到了一致的認可，貝爾開心的跳起了愛爾蘭的踢踏舞——

多年爭論不休的「愛波之爭」真的要結束了？

物理學家們開始騷動起來，他們按捺不住，想要親身參與到大結局中。

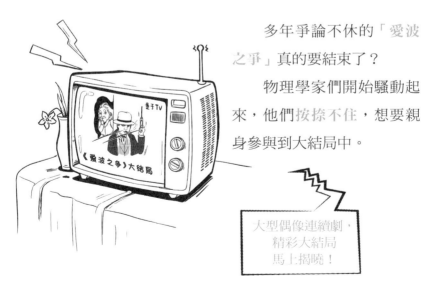

在數學與好奇心的撥弄之下，他們紛紛動手改造 EPR 理論思想模型，做起了貝爾不等式實驗。

1972 年，美國物理學家克勞澤（John Clauser）成功做出了實驗。這是史上第一個驗證貝爾不等式的實驗。

但是結果卻讓貝爾魂飛魄散——那兩個糾纏的粒子，竟然突破了貝爾不等式？

這意味著，真的存在鬼魅般的量子糾纏？貝爾心心念念的微觀世界古典性竟然是錯的！

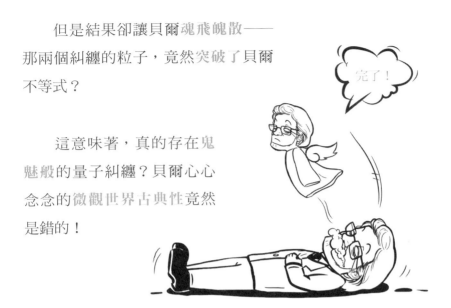

一石激起千層浪，物理學界表示再一次受到了驚嚇，心臟不好的貝爾差點嚇到心肌梗塞死亡。

但他也已經無法阻止，越來越多追求真理的科學家投入貝爾不等式的實驗大軍裡。

　　1982 年，在巴黎光學研究所（Institut d'optique Graduate School），又一場驚心動魄、萬眾矚目的實驗正在進行，這一次所有人都屏住了呼吸。

　　這次的實驗領導人是正在攻讀博士的法國物理學家阿斯佩（Alain Aspect）。不同於克勞澤的「幼稚版」裝置，阿斯佩的技術非常成熟。

　　借助雷射的強信號源，一對對光子從鈣原子中衝出，朝著偏振器奔去，它們關乎整個量子力學的命運。

在令人窒息的 24 小時等待後，結果出來了：

量子糾纏真實存在！

實驗再一次與貝爾想要的結果相反，**波耳是對的，愛因斯坦又一次輸了！**

一瞬間，所有人都愣住了。

信奉量子力學的科學家欣喜若狂，愛因斯坦的追隨者們**心如死灰**。

世界再也不可能回到那個**美好**的「古典」時代了。

數學是物理學的基石，貝爾不等式用嚴謹的數學手段顛覆了整個愛因斯坦軍團，EPR 實驗最終成了「EPR 悖論」。

數學的「高端攻擊」讓量子力學取得了勝利。在克勞澤和阿斯佩之後，還有一大批追求完美的科學家也進行了實驗。

模型越來越完備，技術越來越精密，都證明了波耳是對的。

多年「愛波之爭」，終於在「宇宙判決書」貝爾不等式中畫上了句號。

不管你信不信，微觀世界就是這樣運行的。

　　貝爾不等式給波耳的信徒們吃下了**定心丸**。量子力學的追隨者開始分成兩派繼續探索。

　　一邊是辛勤耕耘的**理論派**。

　　對於這群科學家來說，量子力學是**神祕的女神**。

　　他們一直試圖深入微觀世界，甚至想統一整個宇宙。

這樣一個宏偉目標，遠非一日之功。

為了達成這個長期目標，理論派把宇宙劃分為 4 種力：電磁作用力、強交互作用力、弱交互作用力（按：例如，將質子與中子結合為原子的原子核的，便是強交互作用力；而電子、中子等的放射性衰變，則是由弱交互作用力引起的）以及引力。透過這 4 種力，一切物理現象都可以得到解釋。

天地玄黃，宇宙洪荒，都在我的統治之下！

引力

弱交互作用力

電磁作用力

強交互作用力

天才科學家們找到了一種大一統理論，先用它將前三種屬於量子力學的基礎作用力都裝進去，剩下一種屬於廣義相對論的引力，他們寄希望於更高端的弦理論。

無妨，我們會會他！

姐姐，妳看引力那小子。

大一統理論

弦理論認為，自然界的基本單元不是傳統意義上的**點狀粒子**，而是如很小很小的橡皮筋一樣的線狀「弦」。當我們用不同的方式彈橡皮筋，它就會振動，產生自然界中的**各種粒子**，可能是電子、光子，也可能是重力子。

這樣，引力就有望被**微觀量子化**描述，和前三種力統一在一起。微觀（量子力學）和**宏觀**（廣義相對論）也就有望統一了。

理論派科學家們對弦理論抱了很大的期待。無奈引力這塊**硬骨頭**實在太難啃了。弦理論引申出的各種理論，都尚處於剛剛起步的階段，目前還是**沒能拿下它**。

啃不動？

科學家們不知道量子力學**最後的歸宿**會在哪兒，但他們誰都不會停下探索的腳步。他們最大的夢想，是有一天能有一個**萬能理論**，解釋宇宙萬物。

臣服在我的光芒裡吧！

除了有著**遠大抱負**的理論派外，另外一邊量子力學的追求者是**實踐派**。這是一群實用主義者，他們挖掘出一項又一項偉大的量子應用。

因為量子力學天生的**神祕莫測**，它一直讓很多人琢磨不透，在現實世界存在很大爭議。

事實上它並沒有那麼**虛無飄渺**，它是史上最有用的理論，一直老老實實的幫全人類**打工**。

在實踐派的埋頭苦幹之後，量子力學已經成為現代科學的基石。

從分子生物到化學材料，

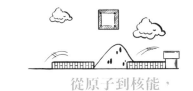

從原子到核能，

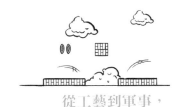

從工藝到軍事，

從電腦到天文學……

沒有它，我們就不會有
CD、DVD、藍光播放機；

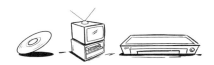

沒有它，也不會有電晶體、智慧型手機、電腦、衛星導航；

沒有它，更不會有雷射、電子顯微鏡、原子鐘、核磁共振……。

保守估計，現代工業體系 70% 與量子力學有關。已開發國家超過 1/3 的國內生產總值與量子力學有關。

你雖然看不到它們，但量子與你同在，這些應用就發生在你的身邊。

這些應用改變了整個世界，也是量子力學之所以被全人類認可，最可靠的事實依據。

科學理論正確與否，實際應用是最強而有力的證明。

科學有自己的認知標準，不能直接由人類的主觀感受來認定。雖然量子力學與人類直覺衝突劇烈，可是一旦它得到驗證並被廣泛應用，我們就有責任將它視為可靠的真理繼承下來。日心說如此，相對論如此，量子力學更是如此。

可以說，沒有它們，就沒有資訊革命；沒有它們，我們甚至看不到現在這本漫畫。

有了量子力學，人類便進入了一個新時代。

量子力學改變世界的應用
還有哪些呢？

<完>

第七章

量子力學的應用

沒有它們，就沒有資訊革命。

沒有它們，我們甚至看不到現在這本漫畫。

有了量子力學，人類便進入了一個新時代。

本章重要登場人物

威廉・肖克利（William Shockley）
美國物理學家、發明家

電晶體之父，因對半導體的研究和發現電晶體效應，與美國物理學家巴丁和布拉頓共同獲得了 1956 年諾貝爾物理學獎。

高登・摩爾（Gordon Moore）
美國企業家

英特爾（Intel Corporation）公司的創始人之一，提出了著名的摩爾定律，該定律揭示了資訊技術進步的速度。

上帝的骰子，量子物理大白話

摩爾定律

預告積體電路上的電晶體數目，約每隔兩年便會增加一倍。一般提到的 18 個月，則是由英特爾執行長大衛・豪斯（David House）提出，他表示每隔 18 個月，晶片效能便會提高一倍。

半導體

你將我捧在手心，卻不知道我是誰。我的名字叫半導體，就躲在你的手機裡。

有人說我性格高冷，讓人琢磨不透。但這不能全怪我。當你天天與量子力學打交道時，你也一樣會讓全世界敬而遠之。

但其實，我性情平和。

每一次你捧著手機低頭的瞬間，都有我的身影。

手機裡最核心的晶片，就是用我做出來的。

就是我，
躺著的這個。

嗨，
我排第二。

我有一個大哥，叫導體。

還有一個弟弟，叫絕緣體。

哥哥有過動症，身上帶有大量的自由電荷。

它們受原子核的束縛力很小，因此哥哥非常容易導電。

弟弟笨拙不容易導電，電荷幾乎都束縛在原子範圍之內。

我是家中老二，屬於最不需要操心的那一個。

因為量子力學的能帶理論（按：研究內部電子運動的理論）賦予了我超能力。

也就是說，我介於哥哥和弟弟之間，可以輕鬆切換帶電狀態。

這種特殊性使得我的**生存能力很強**。我是最受人們歡迎的，也是家裡**最有錢**的。

不就是錢嗎？
我有的是！

不僅是手機，幾乎所有跟**電子設備、網際網路**掛鉤的產業，都和我有著密不可分的聯繫。

SILICON VALLEY 谷

Si

這就是傳說中的矽谷！

我最常見的形式是**矽**，它的商業價值特別高。

矽谷這個地方，最早就是研究和生產以矽為基礎的半導體晶片，並因此得名。

　　無數電子元件都屬於我的家族，比如二極體、三極管、**積體電路、雷射器、電腦、感光耦合元件**……。

　　我是衡量一個國家資訊化的重要標誌，擁有超能力的我，是**電子時代**最好的代言人！

二極體

嗨，我是二極體，是電路中的「交警」，專門指揮電流單向行駛。

我有兩個引腳，一個正極一個負極，正向導通、反向截止。在我的手中，電荷只能由正極流向負極。這就是我在電路中最主要的職責。

　　我屬於一種電子元件，最普遍的材料是矽或鍺。因此我也屬於半導體家族。量子力學為我們整個家族注入了靈魂。通過量子躍遷，穿越不可滲透的障礙物，這就是我的工作內容。

　　我的家族勢力特別龐大。有普通二極體，家裡電視機等的開關裡就有它；有專門用來整流的二極體，比如手機、電腦的充電器；還有檢波二極體、穩壓二極體、光電二極體等。

最常見的一種是發光二極體。你肯定看過，因為它還有一個名字：LED。我們會施魔法，可以把電能轉變為光能。

吧啦啦！能量，光能變身！

比如街頭的紅綠燈，我們隱藏在信號燈裡，告訴行人注意安全。

高貴的演藝廳、演唱會舞臺，我們從四面八方照亮你們的偶像，聽著你們的尖叫。

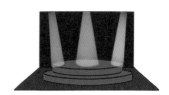

更別說路邊的各種燈飾，五彩斑斕，把整座城市映襯得格外好看……

電晶體

我叫電晶體，是一位
三條腿的魔術師，被譽為
二十世紀最重要的發明。

1947 年，在貝爾實驗室，肖克利、巴丁和布拉頓準備在
聖誕節前夕搞個大動作，最後把我作為一個驚喜聖誕大禮包，
送給了全世界。

人類對他們的禮物很滿意。還把最高榮譽——諾貝爾物理學獎頒給了他們。

我是用半導體做出來的一種電子元件，有三個對外端點。繼承了半導體雙重性的我，可以在導電與不導電之間切換，就像一個開關。

電晶體還能放大電流，把微弱的電子信號擴大得更清晰。

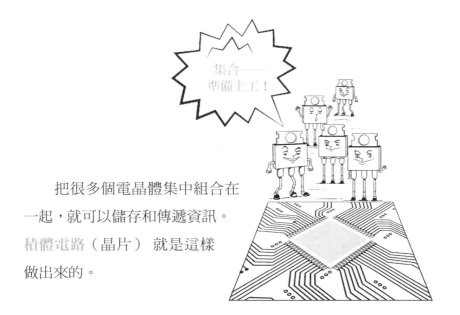

把很多個電晶體集中組合在一起，就可以儲存和傳遞資訊。積體電路（晶片）就是這樣做出來的。

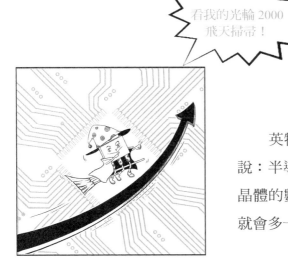

英特爾的創始人摩爾曾說：半導體晶片上可容納電晶體的數量，「每兩年數量就會多一倍」。

晶片上電晶體的**體積**越來越小，數量越來越多。一部智慧型手機大約就裝著 20 億個。最小的在 10 奈米以下，也就是 1 公尺的一億分之一。

電晶體對**電腦**的發展有著十分重要的意義。以前的電腦**又笨又重**，像一間房子那麼大；**但有了電晶體後**，電腦不僅變得輕薄小巧，連運算速度也大幅提升。

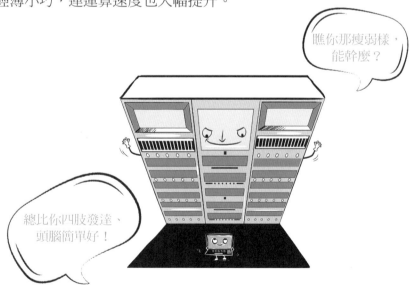

　　當然，電晶體的應用遠遠不只這些！我可是電子技術發展史上的<u>里程碑</u>，開啟了人類的<u>資訊時代</u>。

雷射

我是你們的老朋友──雷射。

早在 1917 年，愛因斯坦就在原子熱平衡相關的 A 係數與 B 係數的研究中，發現了我的蛛絲馬跡：

一個光子對原子使用激將法，**受激原子會發出一個一模一樣的光子**。

　　這些光子聚集在<u>同樣的能量</u>狀態下，又像滾雪球一樣越滾越大，最後集中在一起成了<u>一束穩定的光</u>。那就是我的真身。

　　1960 年 5 月，剛出生的我很微弱，只是一束波長為 0.6943 微米的紅光。

現在的我，是個**男女老少通吃**的小可愛。樓下的爺爺，一大早就在超市掃著**條碼**買菜付錢；二樓那個姑娘，自從做了**祛疤手術**後，追她的男生立刻多了不少⋯⋯。

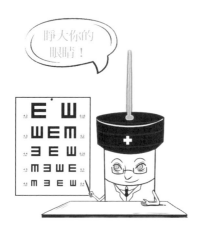

我是光家族中**最亮的光**，如果集中朝一個方向發光，可以灼傷人的眼睛。

但是不要因此**害怕我**。正確使用下，我還可以用來治療**青光眼、近視眼**。

　　我還是世界上「最快的刀」，擁有宇宙最快每秒 30 萬公里的第一速度。

　　即使是天然界中最堅硬的物質——鑽石，只要我出馬，照樣可以瞬間打幾個孔出來。

　　我也是大自然中「最準的尺」，準直性（低發散性）非常好。用我測出來的距離非常準確，誤差僅僅是其他光學測距儀的數百分之一。

　　地球與月亮的距離就是用雷射測出來的。

雖然只是一束人造光，但雷射卻是二十世紀最偉大的發明之一，開啟了光通訊時代的大門

🔖 原子鐘

我是原子鐘，是時間的
基準。

人人都知道，一寸光陰一寸金，一天有 24 個小時，1 個小
時等於 60 分鐘，1 分鐘等於 60 秒。那 1 秒究竟是多長呢？

躍遷
原子從一個能量狀
態轉變為另一個能量狀
態的過程。

從 1967 年開始，1 秒
被定義為：一個銫原子躍
遷振盪 9,192,631,770 次所
耗費的時間。這個時間的
定義，就是以我為基礎的。

我們背後的量子原理，源於馬克士威和克耳文的一個觀點：

原子和分子間的能級躍遷，具有恆定的頻率特性，可以作為頻率基準。

迄今為止，計時最精確的原子鐘當屬銫原子鐘。

GPS 衛星系統最終採用的就是銫原子鐘。

我們在全球範圍內廣播時鐘信號。

在強大的 GPS（全球定位系統）下，只要有一臺手機，你就可以輕鬆確定自己的時間和地點。誤差低於 100 奈秒，也就是千萬分之一秒。

作為計時精準度的最高標準，我可以稱得上是宇宙間的勞力士。一旦我失效，天文學、地理學、軍事國防學等一眾科學家都將陷入一團混亂。

沒了我，你們就等著睡大覺吧！

普通人可能覺得我沒有什麼用，這種精確得像**強迫症**一般的時間沒有必要。

但是將視野放得長遠些，宇宙也不過是一部**時間簡史**。**精度就是生命**，一個小小的誤差都有可能導致宇宙的毀滅。

感光耦合元件

顧城（中國當代詩人）說：「黑夜給了我黑色的眼睛，我卻用它尋找光明。」而科學卻給了你們另一雙眼睛——那就是我。

今天，我就要與這個文藝青年一決高下。

顧城，
你等著！

我叫感光耦合元件（charge-coupled device，簡稱 CCD）。你也可以叫我圖像感測器。

簡單來說，我是一種半導體裝置，能夠把光線轉變為電荷，透過類比數位轉換器（analog-to-digital converter，簡稱 ADC）晶片，轉換成數位信號。

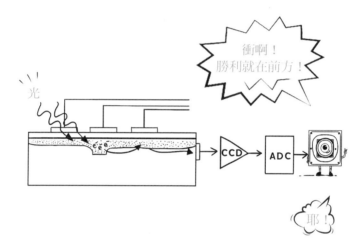

光電效應使得光子激發釋放出電荷信號。

我的作用就是把電荷儲存並耦合轉移，再把它們變成一張張清晰的圖像。

　　我和底片有點像，但底片是感光，我則是數位成像。那些植入我體內的微小光敏物質，就是你們常說的像素。像素越高，畫面解析度也就越高。要知道，一部數位相機的「底片」上，足足裝有數百萬個感光元件。

　　1969 年，加拿大物理學家博伊爾（Willard Boyle）和美國物理學家史密斯（George Smith）發現了我。事實證明，他們真有眼光

　　2009 年，他們兩人因為我獲得了諾貝爾物理學獎。

　　我可以在眾多領域大顯身手。漂亮女孩喜歡用我來拍照；天文學家用我觀測太空，探測宇宙生命成因的哈伯望遠鏡，就有我的身影；還有穿白袍的醫生，他們把我用在醫用顯微內視鏡中，實現人體顯微手術。

　　在我這雙眼睛下，一切事物都變得更加清晰。

　　人類開始一點點洞悉世界的奧祕與美好。宇宙的光彩盡在我的眼中。

核磁共振成像

世界上的原子，大多數都有著這樣一種特性：原子核自旋不為 0。不僅如此，它們還按照一定頻率繞著自己的軸不停旋轉，產生了磁場。

人體內數量最多的一種物質——氫原子，同樣有這種特性。

給氫原子施加一種特定的電磁波脈衝，它們就可以實現核磁共振，激發出電磁波的共振吸收信號。

不同病理狀態下的氫原子有不同的共振現象。我就是負責彙報這些現象的，也就是核磁共振成像（MRI）。

我第一次掃描出人體圖像是在 1978 年。2003 年，由於在臨床醫學領域的成功應用，諾貝爾醫學獎委員會通知了美國化學家勞特伯（Paul Lauterbur）和英國科學家曼斯菲爾德（Peter Mansfield），他們一起獲得了諾貝爾生理醫學獎。

在所有的影像設備中，等級最高的就是我了。

我的基本招式是「平掃」，它可以診斷出大部分腫瘤。

我還有一個獨門絕技「彌散」，全身彌散可以篩檢整個人

體，揪出那些漏網之魚。

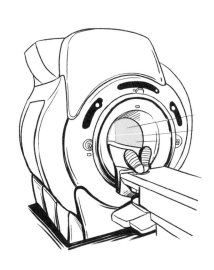

現在的我，技術已經非常成熟。不僅對於癌症治療有著不可替代的優勢，在神經系統、胸腹、五官、盆腔等也都有著廣泛應用。

有了我的幫助，醫生就可以更準確的為病人診斷。任何病魔都休想輕易從我眼前溜走。

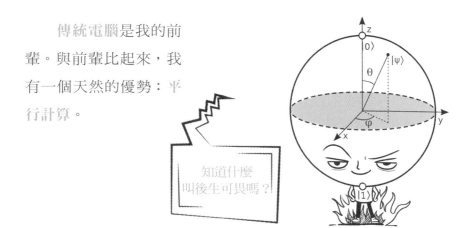

量子電腦

我是**量子電腦**。1982 年，**費曼**第一次提出用量子電腦來模擬量子現象。不過，很多人並未見過我，因為我還沒有**真正誕生**。

傳統電腦是我的前輩。與前輩比起來，我有一個天然的優勢：**平行計算**。

傳統電腦由電晶體組成，一個開關電路的信號可以轉換為一個位元。但我和前輩不一樣，我的量子位元處於疊加態。就像當年薛丁格的那隻貓，既生又死，生死疊加。

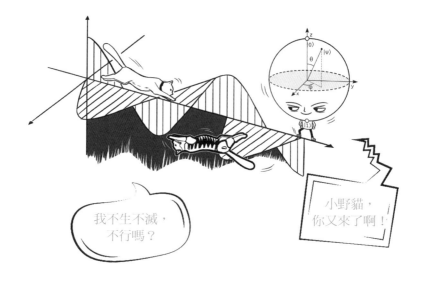

我的運算能力遠遠超過了普通電腦。在人工智慧、密碼學、基因檢測等許多領域，我都可以大放異彩。還有複雜的金融模型、天氣模擬……我處理起來也都不是難事。

不過，雖然我的運算能力很強，想要製造我卻不容易。因為量子太容易退相干了。以現有的科學能力，人類只能處理 10 個量子糾纏對。

哎呀！風太大，我控制不住啦！

現在的量子電腦，還沒到商業化的階段。一旦人類能控制 50 個量子位元，那就是我與大家見面的時候了。這一天不會太久了，等我呀！

終於快生了，好緊張……

待產中

🔖 量子通信

在宇宙的盡頭，有一對幽靈兄弟，他們分別落在宇宙的兩端。這對兄弟心有靈犀，當哥哥朝左走時，弟弟一定是朝右的。這種鬼魅般的聯繫，叫做量子糾纏。

我叫**量子通信**，誕生於量子糾纏理論。

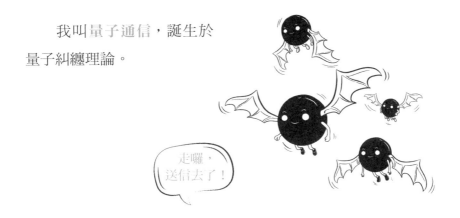

我和幽靈兄弟主要從事**保密工作**，把資訊安全的從一個地方傳到另一個地方。

具體工作內容有兩個：

加密和傳輸。專業術語叫做「量子密鑰分發」和「量子隱形傳態」。

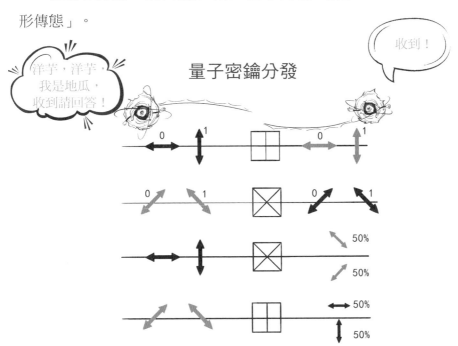

　　傳統的通信方式，如電纜光纖、無線電，都有可能被竊聽者盜取。

　　但我就不一樣了！根據量子不可克隆（複製）原理，一旦誰想要複製（竊聽）了我，傲嬌的我會立刻「一觸即焚」。誰也別想破解我，誰也別想從我這裡竊聽又不被發現。

幽靈兄弟具有跨越空間的能力，無論雙方相距多遠，測量其中一個的狀態，就能獲得另一個的狀態，這樣就可以不受光速限制，實現隱形傳輸了。

總之，在通信方面我是絕對高效又安全的。雖然總有人說能破解量子通信，但我一般都懶得辯解。

　　2016 年，世界首顆量子科學實驗衛星「墨子號」，在甘肅酒泉發射。當時，全世界都震驚了。中國因此成了第一個實現衛星和地面量子通信的國家。此處應有掌聲！

國家圖書館出版品預行編目（CIP）資料

上帝的骰子，量子物理大白話：高中聽不懂、
大學沒真懂，100萬粉絲的「量子學派」部
落格創始人，用漫畫讓你笑著看懂。／羅金
海著 . -- 二版 . -- 臺北市 : 大是文化有限公司，
　2024.03
288 面 ；17×23 公分 . --（Style ; 85）
ISBN 978-626-7377-74-1（平裝）

1. CST: 量子力學　2.CST: 通俗作品

331.3　　　　　　　　　　　112021389

Style 085

上帝的骰子，量子物理大白話

高中聽不懂、大學沒真懂，100 萬粉絲的「量子學派」部落格創始人，用漫畫讓你笑著看懂。

作　　　者／羅金海
副　主　編／劉宗德
美術編輯／林彥君
副總編輯／顏惠君
總　編　輯／吳依瑋
發　行　人／徐仲秋
會計助理／李秀娟
會　　　計／許鳳雪
版權經理／郝麗珍
行銷企劃／徐千晴
業務專員／馬絮盈、留婉茹、邱宜婷
行銷、業務與網路書店總監／林裕安
總　經　理／陳絜吾

出　版　者／大是文化有限公司
　　　　　　臺北市 100 衡陽路 7 號 8 樓
　　　　　　編輯部電話：（02）23757911
　　　　　　購書相關諮詢請洽：（02）23757911 分機 122
　　　　　　24 小時讀者服務傳真：（02）23756999
　　　　　　讀者服務 E-mail：dscsms28@gmail.com
　　　　　　郵政劃撥帳號：19983366　　戶名：大是文化有限公司
法律顧問／永然聯合法律事務所
香港發行／豐達出版發行有限公司
　　　　　　Rich Publishing & Distribution Ltd
　　　　　　香港柴灣永泰道 70 號柴灣工業城第 2 期 1805 室
　　　　　　Unit 1805, Ph. 2, Chai Wan Ind City, 70 Wing Tai Rd,
　　　　　　Chai Wan, Hong Kong
　　　　　　電話：2172-6513　傳真：2172-4355　E-mail：cary@subseasy.com.hk

封面設計／林雯瑛
內頁排版／林雯瑛
印　　　刷／緯峰印刷股份有限公司

出版日期／2024 年 3 月二版
定　　　價／新臺幣 399 元（缺頁或裝訂錯誤的書，請寄回更換）
I S B N／978-626-7377-74-1
電子書 ISBN／9786267377789（PDF）
　　　　　　　9786267377772（EPUB）